U0790818

受腐蚀混凝土结构耐久性检测诊断

赵 卓 蒋晓东 著

黄 河 水 利 出 版 社

内容提要

本书通过采用理论分析、试验研究和实际工程检测、评估相结合的研究方法，围绕混凝土结构的耐久性问题，系统介绍了混凝土结构的基本腐蚀机理、主要腐蚀影响因素、氯离子的侵蚀作用、钢筋锈蚀的现场电化学检测技术及检测实例、服役混凝土结构腐蚀损伤的多级模糊综合评判、混凝土中钢筋锈蚀的分阶段速率模型、受腐蚀混凝土结构的抗力时变特性分析、受腐蚀混凝土结构的动态可靠性分析、基于结构耐久性的结构优化设计及方案评估、主动和被动腐蚀控制、受腐蚀混凝土结构的优化维修决策及工程评估实例。

本书可供土木工程专业的科研人员、工程技术人员、高等院校的教师及研究生、本科生参考使用。

图书在版编目(CIP)数据

受腐蚀混凝土结构耐久性检测诊断/赵卓，蒋晓东著．郑州：黄河水利出版社，2006.9

ISBN 7-80734-119-X

Ⅰ.受… Ⅱ.①赵… ②蒋… Ⅲ.混凝土结构-耐久性-检测 Ⅳ.TU370.3

中国版本图书馆 CIP 数据核字(2006)第 096034 号

组稿编辑：王路平 电话：0371-66022212 E-mail：wlp@yrcp.com

出 版 社：黄河水利出版社

地址：河南省郑州市金水路 11 号 邮政编码：450003

发行单位：黄河水利出版社

发行部电话：0371-66026940 传真：0371-66022620

E-mail：hhslcbs@126.com

承印单位：黄河水利委员会印刷厂

开本：787 mm×1 092 mm 1/16

印张：8.75

字数：210 千字 印数：1—3 000

版次：2006 年 9 月第 1 版 印次：2006 年 9 月第 1 次印刷

书号：ISBN 7-80734-119-X/TU·72 定价：20.00 元

前 言

混凝土一直被认为是一种节能、经济、用途极为广泛的人工耐久性材料。但是,近年来却发现很多混凝土结构,尤其是处于海洋环境、化学工业腐蚀性介质或其他特殊环境(如冲刷、磨损、干湿、冷热等)下的结构,由于设计、施工或使用维护不当,少则几年,多则十几年就会出现因钢筋锈蚀或其他原因而引起的混凝土结构开裂破损,甚至崩溃。

混凝土结构耐久性能的衰退是目前我国工程建设领域所面临的非常严峻的问题,它极大地危害了结构的可靠性能和安全性能,必须予以高度关注。目前,我国正处于大规模工程建设期,如果不重视混凝土结构的耐久性问题,几十年后,恐怕也会出现国外那样的维修高潮。因此,需要对混凝土结构的耐久性相关问题进行研究,并基于结构的受腐蚀损伤特点,提出相应的检测、诊断、设计、施工及使用维护措施,以保证混凝土结构在设计使用寿命内的正常使用。

我们从 1995 年开始,先后承担了由英国皇家学会、中国国家自然科学基金委联合资助的中英合作项目"腐蚀环境下在役钢筋混凝土结构的安全性评估"、河南省自然科学基金项目"化工钢筋混凝土结构物的维修决策理论研究"、河南省高校青年骨干教师资助计划项目"预应力混凝土连续梁桥结构的健康研究"、河南省杰出青年科学基金项目"工业建筑基于耐久性的优化设计理论研究"等与混凝土结构耐久性相关的科研课题。经过 10 余年的工作,在国内外相关研究成果的基础上,我们通过采取理论分析、试验研究和实际工程检测评估相结合的研究方法,围绕混凝土结构的耐久性问题,进行了较为深入、系统、全面的研究,取得了一定的研究成果,本书是这些课题研究成果的部分内容。

本书首先对混凝土结构耐久性研究的重要性及必要性进行了阐述,并对相关研究现状进行了综述,结合自身的研究成果,对混凝土结构耐久性研究中存在的一些问题进行了分析探讨;第 2 章对混凝土结构的腐蚀机理、氯离子的侵蚀作用、影响混凝土结构耐久性的主要因素及典型腐蚀性环境等进行了介绍及分析研究;第 3 章对氯离子侵蚀的相关问题,如氯离子含量的临界值、氯离子的扩散以及混凝土渗透性的检测技术等进行了分析研究;第 4 章结合试验研究和实际工程检测结果,重点对钢筋锈蚀的现场电化学检测技术进行了分析研究,为受腐蚀混凝土结构的耐久性诊断提供了依据;第 5 章主要针对服役混凝土结构的腐蚀损伤特点,结合实际工程检测经验,采用多级模糊综合评判的方法,对受腐蚀混凝土结构的可靠性进行了鉴定分级,为实际工程的耐久性检测评估提供了具体方法;第 6 章提出了钢筋锈蚀的分阶段速率模型,对受腐蚀混凝土结构的抗力时变特性进行了分析,并基于后续使用期内的荷载危险性分析,对受腐蚀混凝土结构的动态可靠性进行了分析研究,为受腐蚀混凝土结构的耐久性评估提供了理论依据;第 7 章主要针对腐蚀环境下的新建混凝土结构,基于结构耐久性,开展了结构方案选型及优化设计研究,并提出了混凝土结构方案的耐久性评估方法;第 8 章提出了腐蚀环境下混凝土结构的主动控制及被动控制方法,并基于腐蚀控制,对受腐蚀混凝土结构的优化维修决策进行了分析研究,

第1章　概　述

1.1　混凝土结构的耐久性问题

任何结构的兴建都是为了使用,也就是使已建结构完成其预定的功能。而结构预定的功能能否实现,则主要取决于它在整个设计服役期内的表现。王光远院士指出[1.1]:“当前力学工作者与结构工作者的精力主要集中于研究结构分析、设计和施工的理论和方法(其目的是提高结构设计和施工的质量),而对于结构系统的方案论证以及服役后的评估和维修理论则研究较少,这是力学界与结构工程界研究的一个薄弱环节。”

大量混凝土工程实例表明,很多结构在服役期内总的维修费用远大于它的初始造价。因此,减少结构在服役期内的总维修费用在目前是更现实、更迫切的任务。所以应该重视研究服役结构的损伤评估方法,并根据服役结构在服役期间所提供的大量宝贵的反馈信息,反过来促进设计理论的进步,使设计、施工和使用维护更趋于合理。

混凝土结构一直被认为是一种节能、经济、用途极为广泛的人工耐久性材料,是目前应用较为广泛的结构形式之一。随着结构物的老化和环境污染的加剧,混凝土结构的耐久性问题越来越引起国内外广大研究者的关注。在1991年召开的第二届混凝土耐久性国际会议上,P.K.Mehta教授在题为《混凝土耐久性——五十年进展》的报告中指出:“当今世界,混凝土破坏的原因,按重要性递降顺序排列是:钢筋锈蚀、寒冷气候下的冻害、侵蚀环境的物理化学作用。”[1.2]在2001年“土建结构工程的安全性与耐久性”工程科技论坛上,有关专家也明确指出我国混凝土破坏的主要原因是“南锈北冻”[1.3]。

然而长期以来,人们对混凝土结构的耐久性问题一直未能给予足够的重视。由于勘探、设计、施工及使用过程中的多因素影响,很多混凝土结构都先后出现病害和劣化,使结构不可避免地出现各种不同程度的隐患、缺陷或损伤,进而导致结构的安全性、适用性、耐久性的降低,并最终导致结构失效,造成资金的巨大浪费。对于处在海洋环境、化学工业腐蚀性介质或其他特殊环境(如冲刷、磨损、干湿、冷热等)下的混凝土结构,由于设计、施工或使用维护不当,少则几年,多则十几年就会出现因钢筋(普通钢筋和预应力钢筋)锈蚀或其他原因而引起的混凝土结构开裂破损,甚至崩溃。

据1994年铁路部门的统计,我国正在运营的有病害桥梁共6 137座,占总数的18.8%,其中预应力混凝土桥梁占2 675座[1.4]。而我国已建成的大型海湾桥梁,部分也已出现氯离子腐蚀的迹象[1.5]。1981年的调查表明,华南地区18座使用7～25年的海港钢筋混凝土码头中因钢筋锈蚀而导致结构耐久性降低的占89%,大连港务公司的煤机廊道投产仅5年,部分混凝土就因钢筋锈蚀而产生开裂[1.6]。

1989年,建设部科技发展司混凝土结构耐久性综合调查组对北京、西宁、贵阳和杭州的一些建筑物进行了调查,结果表明,新中国成立初期的建筑均已达到必须大修的状态,现有大多数工业建筑不能满足安全、经济使用 50 年的要求，一般使用 25～30 年就需大修加固[1.7]；在某些化工和冶金工业建筑中，最严重时，刚建成的厂房尚未投产使用就需废弃，有的使用 2～3 年后就丧失工作能力，有的在使用 10～20 年后，为保持工作性能而消耗的维修、加固费用，早已超过结构造价本身[1.8]。我国的大量工程实践表明，耐久性不足是很多结构物破坏的主要原因[1.9～1.11]。

处于沿海及近海地区的混凝土结构，由于海洋环境对混凝土的侵蚀导致钢筋锈蚀而使结构发生早期损坏，丧失了结构的耐久性能，造成了极大的危害和巨大的损失。在英国，根据运输部门 1989 年的报告：英格兰和威尔士有 75％的钢筋混凝土桥梁受到氯离子侵蚀，维护维修费用是原来造价的 200％[1.12]，为解决海洋环境下混凝土结构的锈蚀与防护问题，每年花费近 20 亿英镑[1.13]。葡萄牙海洋环境下的码头、桥梁等由于氯离子侵蚀造成钢筋锈蚀，结构服役较短时间即发生严重损伤[1.14]。处于海湾地区的混凝土结构，由于所处的环境恶劣，钢筋锈蚀现象特别严重，是混凝土结构破坏的主要原因[1.15,1.16]。

为保障道路交通的畅通，各国在冬季向道路、立交桥等撒盐，使得盐中含有的氯离子侵蚀到钢筋表面，引起锈蚀，造成了巨大的损失。在瑞士，由于使用除冰盐导致钢筋锈蚀，每 20 年就有 3 000 座桥梁需要维修[1.17]。英国英格兰岛中部环形快车道上 11 座混凝土高架桥，当初建造费用 2 800 万英镑，因为撒除冰盐引起的钢筋锈蚀使得混凝土胀裂，为此维修耗资近 4 500 万英镑，是造价的 1.6 倍，估计以后 15 年还要耗资 1.2 亿英镑，累计接近当初造价的 6 倍[1.18]。

在我国沿海地区，处于水位变动区或受水浸润的混凝土结构中钢筋锈蚀引起的破坏相当严重。天津港码头上部结构在使用十几年后，就出现不同程度的锈蚀破损、保护层严重剥离或脱落等现象，破损程度非常严重[1.19]。冯乃谦、封孝信[1.20,1.21]等对我国山东沿海地区的混凝土桥梁的耐久性状况进行了调查，结果表明，主体结构均有不同程度的损坏，钢筋严重锈蚀，混凝土严重开裂，甚至成块脱落；许多桥梁的钢筋锈蚀已经到了非常严重的程度，混凝土成片剥落，于 1989 年建成的某桥梁，由于长期处于海水的干湿作用下，约有 10 cm 厚的混凝土被腐蚀掉。

目前，混凝土结构的耐久性问题已越来越引起更多工程师及研究人员的关注。美国研究人员曾用“五倍定律”来形象地说明了耐久性的重要性，特别是设计对耐久性问题的重要性，即：设计时，对新建项目在钢筋防护方面每节省 1 美元，就意味着，发现钢筋腐蚀时采取措施多追加维修费 5 美元，顺筋开裂时多追加维修费 25 美元，严重破坏时则多追加维修费 125 美元。这一可怕的放大效应，使得各国政府投入大量资金用于混凝土结构耐久性问题的研究。

有专家估计，我国“大干”基础设施工程建设的高潮还将延续 20 年，由于忽视耐久性，迎接我们的还会有“大修”20 年的高潮，这个高潮可能不用很久就将到来，其耗费将数倍于当初这些工程施工建设时的投资[1.22]。

混凝土结构耐久性能的衰退是工程建设领域所面临的非常严峻的问题，它极大地危害了结构的可靠性能和安全性能，必须予以高度关注。目前我国正处于大规模工程建设期，如果不重视混凝土结构的耐久性问题，几十年后，恐怕也会出现国外那样的维修高潮。因此，需要对混凝土结构的耐久性相关问题进行研究，并基于结构受腐蚀损伤的特点，提出相应的检测、诊断、设计、施工及使用维护措施，以保证结构在设计使用寿命内的正常使用。近年来，我国正越来越多地关注混凝土结构的耐久性问题，在《公路工程结构可靠度设计统一标准》、《混凝土结构耐久性评定标准》(征求意见稿)以及《混凝土结构耐久性设计与施工指南》等标准中，对混凝土结构的耐久性都提出了明确的要求，耐久性设计规范也正在研究制定之中。这对于提高混凝土结构的耐久性将起到有力的推动作用。

1.2 相关研究现状

受腐蚀混凝土结构的耐久性检测诊断是一项跨学科的课题，涉及到混凝土基本理论、电化学腐蚀、结构耐久性分析、试验检测技术以及环境科学等多个方面。由于课题的复杂性，目前绝大部分的研究工作主要集中在以下几个方面。

1.2.1 电化学腐蚀机理及检测方法的研究

目前，电化学腐蚀基本理论的研究已趋于完善，针对结构混凝土，主要体现在混凝土材料层次的腐蚀基理及钢筋的锈蚀问题上[1.23~1.27]。另外，不同类型的介质对结构材料所造成的腐蚀损伤速率以及相应材料力学性能改变情况的研究仍需进一步的工作，尤其是钢筋在不同腐蚀性环境中的锈蚀速率以及其力学特性随结构使用时间的变化情况。

已有的各种结构腐蚀检测方法，在试验室中大都取得了良好的效果。部分检测方法，如半电池电位法、混凝土电阻率法、线性极化电阻法以及地质雷达法等[1.28~1.34]，已开始应用于实际工程中，并获得了一定的成效。然而，由于在实际工程中所存在的种种困难(如与钢筋的连接、钢筋面积的不确定性、设备造价等)，进一步的改进工作仍需进行，以提高设备的检测精度，为服役混凝土结构的耐久性评估提供有效的结构使用状况信息。

1.2.2 结构耐久性相关研究

王光远院士在文献[1.1]中提出了结构服役期间的动态可靠度及其维修理论的框架。针对新建结构与不维修结构的特点，提出了其可靠度的评估方法，并以服役期间的可靠度为基本变量，提出了在分析结构已服役期内所提供的大量反馈信息的基础上，根据结构在预定后续使用期内的荷载危险性分析，确定其在后续使用期内动态可靠度的方法，为进行腐蚀环境下服役混凝土结构的可靠性评估及优化维修决策理论的研究提供了系统的理论指导。

1990年，王光远院士提出并建立了结构服役期间的动态可靠度分析及优化维修决策理论和在役结构强度储备评估方法[1.35,1.36]；1990年，C. Andrade[1.37]等提出了基于线性极化电阻法检测的确定结构剩余寿命的预测方法；1991年，赵国藩院士提出了服役结构在剩余寿命内荷载及荷载效应的统计分析方法[1.38]；1992～1996年，段忠东等[1.39]研究了结构概率损伤理论及构件抗力衰减规律；1993～1996年，王林科等[1.40]、孙维章等[1.41]、陶峰等[1.42]通过试验研究了服役钢筋混凝土结构构件承载力的评估方法；1997年，屈文俊等[1.43]根据混凝土裂缝宽度对混凝土结构耐久性影响的模糊特性，建立了裂缝宽度隶属耐久性失效的隶属函数，提出了混凝土桥梁耐久性未来状态的预测评估方法；1997年，赵鹏飞等[1.44]根据钢筋混凝土构件耐久性评估的特点，借助于模糊数学的手段，提出了一种耐久性分级评定方法；1998 年，卢木等[1.45]以层次分析法为基础，根据熵的性质，把多指标评定体系的固有信息与专家经验判断量化的主观信息相结合，建立了结构耐久性多层次综合评判模型，并对结构耐久性进行了综合分级评定；1995～1999 年，郭院成、李广慧、赵卓等[1.46～1.48]对化工环境下钢筋混凝土结构的腐蚀机理进行了研究，并建立了受腐蚀服役混凝土结构的动态可靠性评估方法及相应的维修决策理论；2000 年，易海平等[1.49]提出了用概率法评估既有预应力混凝土桥承载能力及使用性能的方法；1999～2001 年，张德峰等[1.50]、王百成等[1.51]、包琦玮[1.52]、柴金义[1.53]、陈昌伟等[1.54]针对预应力混凝土结构的腐蚀耐久性进行了广泛的研究；2002 年，王春生等[1.55]提出基于损伤机理的结构损伤安全评定方法的设想，综合应用基于损伤力学、疲劳断裂、可靠度理论等多种方法和理论进行损伤安全评定；2002 年，赵冬兵[1.56]提出了基于动态有限元分析的桥梁快速评估方法；2002 年，任宝双等[1.57,1.58]将物元分析理论引入层次分析法，建立了多层次评估模型；2003 年，仲伟秋等[1.59]提出了基于碳化损伤的混凝土工业厂房耐久性评估方法；2003 年，荀志远等[1.60]以工业厂房为模型，将物元分析和层次分析法有机地结合起来建立工业厂房综合评估模型，能够克服传统方法中参评人员的主观不确定性和认识上的模糊性；2004 年，夏宁等[1.61]提出了基于模糊等价关系的动态聚类分析的一种构件耐久性评估方法。

目前，服役混凝土结构的耐久性问题引起了国内外各界越来越多的关注。美国 ACI437 委员会于 1991 年提交了“已有混凝土房屋抗力评估”的最新报告，并提出了检测试验的详细方法和步骤[1.62]；2001 年亚洲混凝土模式规范委员会公布了《亚洲混凝土模式规范》(ACMC2001)，并提出了基于性能的结构设计方法；2000 年 6 月在西班牙巴塞罗那召开了第五届混凝土耐久性会议；2000 年 9 月在新加坡召开了结构的缺陷、耐久性和修补的第六次国际会议；2000 年 11 月在法国召开了混凝土结构的寿命预测和耐久性设计国际会议；2001 年 3 月在马尔他岛召开了安全性、风险性与可靠性——工程趋势的国际学术会议。我国于 1991 年 12 月在天津成立了混凝土结构耐久性学组；1992 年 11 月在济南成立了混凝土耐久性专业委员会；2000 年 5 月在杭州举行的土木工程学会第九届年会学术讨论会，混凝土结构的耐久性是大会的主题之一；2001 年 11 月，国内众多相关专家学者在北京举行的工程科技论坛上，就土木工程的安全性与耐久性问题进行了热烈的讨论；建设部在“七五”、“八五”和“九五”期间都专门设立课题研究混凝土的耐久性问题：“七五”课题为“大气条件下钢筋混凝土结构耐久性及其使用年限”，“八五”课题为“预应力混凝土结构及混凝土耐久技术”、“工业厂房混凝土结构耐久性研究”，“九五”期间设立了“重点工程混凝土安全性的研究”的国家重点科技攻关项目，均取得了有益的成果。

1.3 关于耐久性问题研究的一些认识

混凝土结构的耐久性研究是一项非常复杂的课题，其中涉及到很多模糊及不确定性的因素，而且这些模糊及不确定性的因素随着人们对混凝土耐久性问题认识的不断深入而日显突出。

目前,针对混凝土结构耐久性的研究主要集中在材料层次的耐久性机理研究、受腐蚀构件承载能力的相关研究、服役结构的耐久性评价和剩余寿命预测、受腐蚀结构的维修决策、结构腐蚀的防护及检测技术研究等方面。金伟良等[1.63]指出:“混凝土结构的耐久性课题包括两部分:对未建混凝土结构进行耐久性设计和对服役混凝土结构进行耐久性评估。”而对服役结构进行耐久性评估,则需在分析结构已服役期内所提供的大量反馈信息的基础上,根据结构在预定后续使用期内的荷载危险性分析,对其后续使用期内的耐久性能进行评估,并进一步总结归纳,对未建混凝土结构的耐久性设计提供经验和依据。

可以看出,是否能够对“结构已服役期内所提供的大量反馈信息”进行完全正确的检测、归纳、诊断,是研究混凝土结构耐久性课题的第一个关键,但这一方面的研究仍存在很多问题。

1.3.1 钢筋锈蚀检测技术的完善及相关评定标准的统一

如 1.2 节所述,目前针对混凝土中钢筋锈蚀程度的检测方法很多,但由于种种因素的限制,在工程实际检测中,仍只能以定性检测为主[1.64],如半电池电位法、混凝土电阻率法等。而定量的检测方法,如直流线性极化电阻法、交流阻抗法等,距工程的实际应用则仍有一段距离,如 4.1 节所述。另外,基于动力模态分析的损伤识别,仍需要进一步的理论分析和实际工程检验。

由于我国对混凝土结构耐久性问题的研究起步较晚,对混凝土中钢筋锈蚀检测结果的评判在一定程度上借鉴了国外的先进经验,也在不同程度上带来了评判标准的不一致[1.33,1.63~1.65],给后续的评判工作带来了困难,4.5 节结合工程实例的检测,对此问题进行了研究。

应该指出的是,钢筋锈蚀检测结果评判标准的统一,在很大程度上也取决于大量的试验检测数据和现场调查数据的支持。在我国,由于种种主观或客观因素的限制,相关检测数据的采集是非常困难的。而对相关检测数据的整理归纳,还需考虑宏观与微观环境、结构类型以及结构材料等因素的影响。

1.3.2 受腐蚀构件(或结构)抗力计算模式的研究

混凝土中钢筋的锈蚀将导致混凝土保护层的开裂、钢筋有效截面面积的减小、屈服强度的变化以及混凝土—钢筋粘结性能的改变等,而这些改变将对受腐蚀构件(或结构)的抗力计算模式产生影响,并随服役结构的使用时间及腐蚀损伤情况而发生变化。而抗力计算模式的确定则是受腐蚀构件(或结构)承载能力以及耐久性评估的关键,其研究成果也将进一步指导新建混凝土结构的耐久性设计。

针对这一问题,文献[1.63,1.66~1.68]对目前国内外的研究现状进行了综述,并开展了相关试验和理论研究工作。4.2 节和 6.2 节也对该问题开展了试验和理论分析研究工作。

然而,由于该问题的特殊性、复杂性及结构类型的多样性,进一步的理论和试验研究工作仍然是必要的。

1.3.3 受腐蚀混凝土结构耐久性失效准则的确定

结构的可靠性，是指结构在规定的时间内，在规定的条件下，完成预定功能的能力。所谓预定的功能，是指安全性、适用性、耐久性。只有当结构的安全性、适用性和耐久性都得到了保证，才能称之为可靠的。在新建混凝土结构设计和服役混凝土结构的可靠性鉴定中[1.69,1.70]，一般将结构的安全性归属于承载能力极限状态，将结构的适用性和耐久性归属于正常使用状态。但由于耐久性问题研究的复杂性，正常使用状态一般是根据结构位移(或挠度)、振动和裂缝等进行判断的，而缺乏完善的耐久性失效的判断准则。

虽然在一定程度上，混凝土结构的腐蚀损伤将会对结构的安全性和适用性产生影响，并通过其各项指标体现出来，但仍然是间接的，且不利于耐久性问题的提早发现。当然，由于主观或客观因素的限制，对服役混凝土结构的定期监测仍然存在一定的困难。

因此，有必要结合受腐蚀混凝土结构的特点，进一步完善耐久性失效的判断准则，加强定期检测，及时发现问题，提前维护，以避免更大的投入和损失。5.3 节结合工程实例检测经验，对这一问题进行了研究。

1.3.4 受腐蚀混凝土结构的优化维修决策理论研究

当混凝土结构的腐蚀损伤已经明确时，结构的维修决策将是面临的主要问题，其前提建立于结构的现状可靠性(或安全性)状态，维修后的目标可靠性(或安全性)状态，合理维修(护)加固方案的选择以及近、远期社会经济指标的控制等。这些因素的相互影响，使受腐蚀混凝土结构的维修决策并非仅是一个“拍脑袋”的问题。8.2 节在已有部分研究成果的基础上，对这一问题开展了理论研究工作。

应该注意的是，在进行优化维修决策时，对结构后续使用期内的荷载效应及环境腐蚀性的预估，应建立于结构已服役期间所提供的反馈信息的基础上，并应对各类防护或维修方案的可靠性及经济性进行验证。

对于受腐蚀混凝土结构，由于其后续使用期内的诸多不确定性，全寿命经济分析观点的引入也是非常重要的。

1.3.5 混凝土结构的被动防护和主动防护

无论对于新建混凝土结构还是服役混凝土结构，结构的防护越来越引起广泛的重视。高性能混凝土、环氧涂层钢筋及各类防护材料的研究及应用，在一定程度上，从被动防护的角度加强了混凝土结构对外界侵蚀性介质的防护能力。

然而，由于设计基准期的延长，如 JTGD60—2004[1.71]中第 1.0.6 条明确规定：“公路桥涵结构的设计基准期为 100 年”，且结构后续使用期内存在的诸多不定性因素的影响，使主动的防护在某些情况下成为必要。8.1 节基于主动控制和被动控制的思想，对各类防护进行了归纳分析研究。

杭州湾跨海大桥为目前我国最长的跨海湾桥梁，建设环境恶劣，耐久性问题突出。在设计施工中，除采用高性能混凝土、混凝土表面涂装以及环氧钢筋等技术措施外，还首次在国内大型桥梁工程中采用了外加电流阴极保护系统[1.72]，为主动腐蚀控制技术在我国大型工程的应用提供了参考和借鉴。

参考文献

[1.1] 王光远．工程软设计理论.北京:科学出版社,1992
[1.2] 张誉,等．混凝土结构耐久性概论.上海:上海科学技术出版社,2003.4~5
[1.3] 陈朝晖,黄河．混凝土劣化对结构性能的影响．重庆大学学报,2003,26(2):42~46
[1.4] 张德峰,等．现代预应力混凝土结构耐久性的研究现状及其特点．工业建筑,2000,30(11):1~4
[1.5] 张文忠,等．海洋环境混凝土结构中钢筋的腐蚀机理和防护实践．华南理工大学学报(自然科学版),1999,27(11):92~97
[1.6] 战洪艳,等．沿海混凝土建筑破坏原因与修复办法．青岛建筑工程学院学报,2003,24(1):88~91
[1.7] 杨静．混凝土的碳化机理及其影响因素．混凝土,1995(6):23~28
[1.8] 贡金鑫,赵国藩．钢筋混凝土结构耐久性研究的进展．工业建筑,2000,30(5):1~5
[1.9] 李家康,董攀．混凝土结构中钢筋腐蚀的分析．工业建筑,1998(1):12~15
[1.10] 王玲,等．北京西直门旧桥混凝土破坏原因分析．见:王媛俐,姚燕编．重点工程混凝土耐久性的研究与工程应用．北京:中国建筑工业出版社,2001
[1.11] 刘来君,赵小星.桥梁加固设计与施工技术.北京:人民交通出版社,2004
[1.12] Dhir R K, Jones M R. Rapid estimation of chloride diffusion concrete. Magazine of Concrete Research, 1990(152):177~185
[1.13] 龚洛书,柳春圃.混凝土的耐久性及其防护修补.北京:中国建筑工业出版社,1990
[1.14] Ant-onio Costa, J-ulio Appleton. Case studies of concrete deterioration in a marin environment in Portugal. Cement and Concrete Composite, 2002, 24:167~179
[1.15] Suad Al-Bahar. Investigation of corrosion damage in a reinforced concrete structure in Kuwait. ACI Materials Journal, 1998(3):226~231
[1.16] Vladimir Novokshchenov. Deterioration of reinforced concrete in the marine industrial environment of the Arabian Gulf-A case study. Material and Structures, 1995(28):392~400
[1.17] Rodriguez P. Methods for studying corrosion in reinforced concrete. Magazine of Concrete Research, 1994(167):81~90
[1.18] 罗福午.建筑结构缺陷事故的分析及防止.北京:清华大学出版社,1996
[1.19] 邓冰,竺存宏.天津港高桩码头锈蚀损面板残余承载力试验及估算方法的研究.港工技术,1998(1):25~31
[1.20] 冯乃谦,蔡军旺,等.山东沿海钢筋混凝土公路桥的劣化破坏及其对策的研究.混凝土,2003(1):3~12
[1.21] 封孝信,冯乃谦,等.沿海公路桥梁破坏的原因分析及防止对策.公路,2002(1):31~34
[1.22] 陈肇元,等．土建结构工程的安全性与耐久性．建筑技术,2002,33(4):248~253
[1.23] H.H尤里克,等．腐蚀科学和腐蚀工程导论．北京:石油工业出版社,1994
[1.24] B.M莫斯克文,等.混凝土和钢筋混凝土的腐蚀及其防护方法．黄炯秋,等译．北京:化学工业出版社,1988
[1.25] Tutti K. Corrosion of Steel in Concrete. Swedish Cement and Concrete Research Institute Report, Stockholm, 1982
[1.26] Eglinton M S. Concrete and its chemical behavior. Thomas Telford Ltd. 1987:53~77

[1.27] 赵磊．在役预应力混凝土桥梁的腐蚀研究:[学位论文].郑州:郑州大学,2001

[1.28] Gowers K R, et al.Programmable linear polarization meter for determination of corrosion rate of reinforcement in concrete structures.British corrosion Journal ,1994,29(1):25～31

[1.29] A.S.T.M C-876 Standard Test Method for Half Cell Potentials of Reinforcing Steel in Concrete

[1.30] Paul Chess, et al.Corrosion Investigation a guide to half-cell mapping.Thomas Telford Services Ltd., 1996

[1.31] Millard S G, et al. Assessing the electrical resistivity of concrete structure for corrosion durability studies, 3rd Int. Symp. On Corrosion of concrete in Concrete Construction, Wishaw, May 1990, Society of Chemical Industry, 1990

[1.32] 赵卓,等．实际化工混凝土结构的腐蚀检测．华北水利水电学院学报,2000,21(2):18～20

[1.33] 赵卓,等．受氯化物腐蚀钢筋混凝土结构的腐蚀检测与评价．建筑结构,2000,30(12):20～22

[1.34] 李汝成,等．地质雷达在探测郑洛高速公路路基沉陷中的应用．河南交通科技,1997(6):20～24

[1.35] 王光远．结构服役期间的动态可靠度及其维修理论初探．哈尔滨建筑大学学报,1990,23(2)

[1.36] 王光远．结构强度储备的评估及结构维修过程的跟踪决策．哈尔滨建筑大学学报,1993,26(2)

[1.37] Andrade C, et al.Approximate calculation of service Life of corroding structures using Polarization Resistance Measurements, Paper Number 319, April 23～27, 1990, Ballys, Las Vegas, Nevada

[1.38] 赵国藩,等．旧有结构性能评估．大连理工大学学报,1991,31(6):687～692

[1.39] 段忠东,等．基于概念疲劳等积损伤理论的构件抗力衰减分析．哈尔滨建筑大学学报,1996,29(1):1～8

[1.40] 王林科,等．锈后钢锚混凝土粘结锚固的试验研究．工业建筑,1996,26(4):14～16

[1.41] 孙维章,等．锈蚀钢筋剩余承载能力的研究．水利水运科学研究,1993(4)

[1.42] 陶峰,等．服役钢筋混凝土构件承载力的试验研究．工业建筑,1996,26(4):17～20,27

[1.43] 屈文俊,车惠民．裂缝对混凝土桥梁耐久性影响的评估．铁道学报,1997,19(4):90～98

[1.44] 赵鹏飞,王娴明．模糊数学在混凝土构件耐久性评定中的应用初探．工业建筑,1997, 27(5):7～10,62

[1.45] 卢木,王娴明．结构耐久性多层次综合评定．工业建筑,1998,28(1):1～8

[1.46] 郭院成．化工钢筋混凝土结构可靠性评估与维修决策:[学位论文]. 哈尔滨:哈尔滨建筑大学,1997

[1.47] 李广慧．在役钢筋混凝土框架结构可靠性鉴定与维修加固决策:[学位论文]. 哈尔滨:哈尔滨建筑大学,1999

[1.48] 赵卓．受腐蚀钢筋混凝土结构的可靠性检测诊断与控制维修决策:[学位论文]. 哈尔滨:哈尔滨建筑大学,1998

[1.49] 易海平,周履．用概率法评估既有预应力混凝土桥．国外桥梁,2000(1):72～75

[1.50] 张德峰,等．现代预应力混凝土结构耐久性的研究现状及其特点．工业建筑,2000, 30(11):1～4

[1.51] 王百成,等．钢筋混凝土桥梁的耐久性．公路,2001(6):33～36

[1.52] 包琦玮,等．北京地区混凝土桥梁耐久性若干问题及对策．城市道桥与防洪,2000(6):16～20

[1.53] 柴金义．混凝土桥梁耐久性问题分析．内蒙古公路与运输,2000(1):6～8

[1.54] 陈昌伟,等．桥梁钢筋锈蚀及其对策．公路,1999(6):1～6

[1.55] 王春生,等．桥梁损伤安全评定与维护管理策略．交通运输工程学报,2002,2(4):21～28

[1.56] 赵冬兵．基于动态有限元分析的桥梁快速评估．中国市政工程,2002(3):61～64

[1.57] 任宝双,等．在用钢筋混凝土简支梁桥结构综合评估方法．土木工程学报,2002,35(2):97～102

[1.58]　郭红仙,等．北京地区钢筋混凝土简支梁桥结构综合评估系统．清华大学学报(自然科学版),2002,42(6):825～831
[1.59]　仲伟秋,等．基于碳化损伤的混凝土工业厂房耐久性评估．工业建筑,2003,33(3):21～23
[1.60]　荀志远,吴广志．工业厂房可靠度评估的一种新方法．建筑技术开发,2003,30(8):20～23
[1.61]　夏宁,任青文．基于模糊聚类分析法的构件耐久性评估．混凝土,2004,(3):14～16
[1.62]　ACI Committee 437. Strength Evaluation of Existing Concrete Buildings,1991
[1.63]　金伟良,赵羽习．混凝土结构耐久性．北京:科学出版社,2002
[1.64]　GB/T50344—2004　建筑结构检测技术标准
[1.65]　中华人民共和国交通部. 公路旧桥承载能力鉴定方法(试行). 北京:人民交通出版社,1988
[1.66]　牛荻涛．混凝土结构耐久性与寿命预测．北京:科学出版社,2003
[1.67]　赵卓,等．腐蚀混凝土结构的随机腐蚀损伤．中国港湾建设,2001(1):23～25,30
[1.68]　赵卓,马亚丽,李锋．氯离子环境下钢筋腐蚀速度分阶段模型．工业建筑,2005,35(382):1～4
[1.69]　GB/T50283—1999　公路工程结构可靠度设计统一标准
[1.70]　GB50292—1999　民用建筑可靠性鉴定标准
[1.71]　JTGD60—2004　公路桥涵设计通用规范
[1.72]　吕忠达．杭州湾跨海大桥的设计与施工．见:杭州湾大桥工程指挥部编．杭州湾跨海大桥建设技术．北京:人民交通出版社,2005.3～13

第 2 章 混凝土结构的腐蚀及主要成因

2.1 混凝土结构的基本腐蚀机理

2.1.1 腐蚀的基本机理

混凝土是一种节能、经济并被广泛使用的耐久性人工材料。但是,处于腐蚀性环境或其他一些特殊环境(如冲刷、磨损、干湿、冷热等)下的混凝土结构,由于设计、施工、所处环境以及不合理使用等原因,通常需要在结构达到其设计使用寿命之前,对结构进行必要的检测诊断及维修养护。

在腐蚀环境下,环境中的有害介质、离子将会对混凝土结构进行侵蚀,造成钢筋截面损失、坑蚀、表面污染、混凝土开裂或脱落等,结构的安全性和可靠性将会大幅度降低,并导致结构在达到其预期的设计使用寿命之前就已经破坏,影响结构的正常使用。

针对混凝土结构中钢筋及混凝土的腐蚀机理,各方学者已经做了大量的工作[2.1~2.6],指明钢筋的腐蚀是一种电化学的过程,包括在金属表面形成阳极(腐蚀)和阴极(钝化)区域以及不同区域间的电位差等。

在坚实的混凝土内部,由于其孔隙液体中含有易溶性的氢氧化钾和氢氧化钠以及大量的微溶氢氧化钙,因此形成了 pH 值为 13 或更高的碱性环境。在这种环境中,在钢筋表面所形成的钝化膜,将阻止钢筋锈蚀的发生。如下式所示

$$2Fe + 6OH^- \longrightarrow Fe_2O_3 + 3H_2O + 6e^- \tag{2-1}$$

但是,由于种种原因(如氯离子侵蚀或混凝土碳化),钢筋表面的钝化膜遭到破坏,导致钢筋的锈蚀。

$$Fe \longrightarrow Fe^{2+} + 2e^- \tag{2-2}$$

$$\frac{1}{2}O_2 + H_2O + 2e^- \longrightarrow 2OH^- \tag{2-3}$$

阳极表面二次化学过程

$$Fe^{2+} + 2OH^- \longrightarrow Fe(OH)_2 \tag{2-4}$$

$$4Fe(OH)_2 + O_2 + 2H_2O \longrightarrow 4Fe(OH)_3 \tag{2-5}$$

在此,阳极反应产生的多余电子通过钢筋送往阴极,阴极产生的氢氧根离子通过混凝土的孔隙以及钢筋表面与混凝土间空隙的电解质被送往阳极,从而形成一个腐蚀电流的闭合回路,使电化学过程得以实现。环境中腐蚀性介质及构件种类的不同,将使钢筋去钝方式和电极面积有较大差别,但其基本腐蚀机理是相同的,如图 2-1 所示。

2.1.2 混凝土的化学组成及其微观结构

常规混凝土是由水泥、水、粗骨料、细骨料和其他掺和料按适当比例配合、拌制而成的

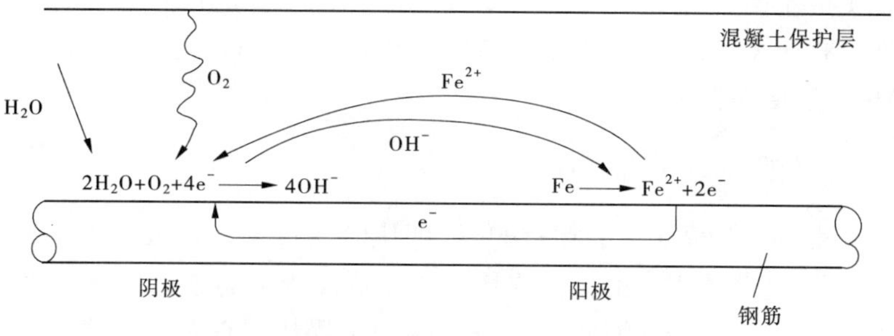

图 2-1　钢筋腐蚀的基本机理

混合物，且经一定时间硬化而成的人造石材。它是具有一定强度的各向异性非均匀材料，但依据其本身特性和为了研究方便，可以近似地把它当作各向同性均匀材料。

水泥的化学组分中，氧化钙、氧化铝、氧化铁、氧化硅是四种最基本、也是最主要的化学组分，是研究水泥材料的主要对象。同时还有各种次要组分，如碱、氧化锰和二氧化钛等。

水泥生料在高温煅烧下，氧化钙将与氧化铝、氧化铁、氧化硅相结合，形成以硅酸钙为主要成分的四种熟料矿物，它们是：硅酸三钙、硅酸二钙、铝酸三钙、铁铝酸四钙。此外，还有少量的氧化钙、石膏和氧化镁等。水泥中硅酸三钙、硅酸二钙、铝酸三钙、铁铝酸四钙的含量占 94%～98%，剩下的 6%～2%为氧化镁、硫酸钙和游离的氧化钙等。各种矿物成分间的比例改变时，水泥的性质即相应发生变化，如它们的水化热、抗腐蚀性能、强度等。

水泥加水拌和后，产生凝结硬化，这是一个连续复杂的物理化学变化过程，它们的水化产物如表 2-1 所示。

表 2-1　水泥加水拌和后的水化产物

矿物	水	水化后的矿物
$3CaO \cdot SiO_2$	$+nH_2O$	$2CaO \cdot SiO_2(n-1)H_2O+Ca(OH)_2$
$2CaO \cdot SiO_2$	$+mH_2O$	$CaO \cdot SiO_2(m-1)H_2O+Ca(OH)_2$
$3CaO \cdot Al_2O_3$	$+6H_2O$	$3CaO \cdot Al_2O_3 \cdot 6H_2O$
$4CaO \cdot Al_2O_3 \cdot Fe_2O_3$	$+12H_2O$	$3CaO \cdot Al_2O_3 \cdot 12H_2O+CaO \cdot Fe_2O_3$
游离 CaO	$+H_2O$	$Ca(OH)_2$
$CaSO_4 \cdot 2H_2O$	$+nH_2O$	$3CaO \cdot Al_2O_3 \cdot 3CaSO_4 \cdot 31H_2O \cdot 3CaO \cdot Al_2O_3 \cdot CaSO_4 \cdot 12H_2O^*$
MgO	$+H_2O$	$Mg(OH)_2$

注： * 借助于铝酸三钙的作用。

水泥水化过程可简单地分为三个步骤：凝胶、胶凝、硬化。硬化后的微结构呈片状或针织状。归纳起来，可把混凝土认为是三级别二相结构。三级别是混凝土结构、砂浆结构和水泥浆结构，二相是固相和气相。

2.1.3　混凝土腐蚀过程的分类

混凝土的腐蚀是一个很复杂的物理的、物理化学的过程。造成腐蚀的原因可能仅是某一种因素，也可能是多种因素的共同作用。由于混凝土的腐蚀机理分类较为复杂，在国际学术界还没有达成一个共同的认识，但一般倾向于采用以前苏联学者 B.M. 莫斯克文为代表所提出的分类方法[2.4]，将混凝土的腐蚀按腐蚀过程分为三类：

第一类属溶蚀性的混凝土腐蚀，即当水渗透到混凝土内部，或是软水与水泥石作用时，将一部分水泥的水化产物溶解并流失，引起混凝土破坏。

第二类属某些盐酸溶液和镁盐对混凝土的腐蚀。这类腐蚀的主要生成物为不具有胶凝性的、易于被水溶蚀的松软物质。这类腐蚀不会使混凝土遭受彻底破坏。但若转化为第一类腐蚀，即其生成物被渗透到混凝土内部的水所溶蚀，则将使混凝土中的水泥石完全遭受破坏。

第三类属结晶膨胀型腐蚀。它是混凝土受硫酸盐的作用，在其孔隙和毛细管中形成低溶解度的新产物，逐步累积，产生巨大膨胀应力，而使混凝土遭受破坏。

如果按照侵蚀性介质的性质或腐蚀原因进行分类，则可以分为四类：硫酸盐腐蚀、海水腐蚀、酸性腐蚀、盐类结晶型腐蚀。

混凝土结构的腐蚀情况是与其所处的外界腐蚀环境分不开的。不同的环境介质，对混凝土结构的腐蚀情况是不同的。腐蚀程度不仅取决于外界腐蚀介质的化学性质，即腐蚀介质的组分和气体介质的湿度，而且还取决于接触条件、液体介质的流速和压力、地下水作用时相邻土壤的密度、环境的温度、荷载作用下结构材料的受力状态以及其他因素。必须着重指出的是，环境介质的腐蚀作用是一个灰色模糊随机量。

如果按照其物理状态，腐蚀性介质可分为气态、液态、固态三种。在常温和无液体的条件下，固体介质一般不具有腐蚀性，固体腐蚀介质和混凝土之间的腐蚀，只有生成液相时才能发生。

而对于气体介质而言，从本质上来说，混凝土在气体介质中的腐蚀过程与其在液体介质中的过程基本相同。这是因为酸性气体与水泥石矿物质之间的化学反应是在水膜上进行的，气体必须首先溶解在水中，然后才能与水泥石矿物质发生反应。虽然气体介质的腐蚀没有液相腐蚀那么快，那么急剧，但由于在某些化学腐蚀性环境下，腐蚀性气体的浓度较高，而且为不可见的物质，比液态腐蚀性介质更不容易被及时发现并加以预防，并且气相的腐蚀也包括在液相腐蚀之内，因此混凝土结构气相腐蚀的研究是非常必要的。

当评价气体介质的腐蚀性时，应当综合考虑气候条件、腐蚀性气体的气源、温度和湿度的变化以及大气湿度对其所含气体腐蚀性的影响。在工业生产区，还必须考虑构筑物与气体排放地的位置、主导风向、与腐蚀性物质排放地的距离以及腐蚀性物质的类型等多种因素。

2.2　氯离子的侵蚀作用机理[2.7~2.9]

由氯盐引起的钢筋锈蚀，是影响混凝土结构耐久性最主要的因素。氯盐不仅通过对钢筋的锈蚀作用而导致混凝土结构的破坏，而且对结构混凝土本身也有一定的破坏作用，如盐结晶腐蚀、加速冻融破坏及激发碱集料反应等。

在各类氯离子侵蚀环境下，如海洋环境、化工生产环境等，结构周围环境中氯离子的含量一般较高，对结构混凝土中的钢筋易造成严重的腐蚀损伤。对结构混凝土而言，氯离子的来源主要有两种：拌和混凝土或管道灌浆时掺入和外部环境的渗透。

氯离子对钢筋的腐蚀作用主要体现在以下几个方面：

(1)作为去钝化剂，破坏钢筋表面的保护性钝化膜。

(2)在钢筋表面形成腐蚀电池，造成局部坑蚀或均匀腐蚀。

(3)与阳极反应产物生成可溶性物质的去极化作用，加速腐蚀进程。

(4)形成离子通路，降低阴阳极间的欧姆电阻，提高锈蚀速率。

(5)其他作用，如氯离子与水泥之间可能存在的作用。

当由于种种原因，结构混凝土中具有充分的可溶性氯离子时，钢筋表面的钝化层将会遭到破坏，并导致钢筋的腐蚀、混凝土的开裂，在严重的情况下，还能导致混凝土保护层的脱落。结构混凝土裂缝的形式一般是沿主受力钢筋的直线方向。钢筋锈蚀过程的主要反应如下式所示

$$Fe \longrightarrow Fe^{2+} + 2e^- \tag{2-6}$$

$$Fe^{2+} + 2Cl^- + 4H_2O \longrightarrow FeCl_2 \cdot 4H_2O \tag{2-7}$$

$$FeCl_2 \cdot 4H_2O \longrightarrow Fe(OH)_2 \downarrow + 2Cl^- + 2H^+ + 2H_2O \tag{2-8}$$

$$4Fe(OH)_2 + O_2 + 2H_2O \longrightarrow 4Fe(OH)_3 \downarrow \tag{2-9}$$

从以上反应可以看出，氯离子本身虽然并不构成腐蚀产物，在腐蚀中也不消耗，但为整个腐蚀过程的进行起到了加速催化的作用。应该注意的是，在混凝土结构中常见的由氯离子所引起的钢筋腐蚀主要是局部的坑蚀，这主要是由于氯离子一般首先在较小区域的钢筋表面破坏钝化膜，形成小阳极，与大部分表面钝化膜完好的钢筋区域——大阴极间形成腐蚀电偶，使坑蚀的发展较为迅速。

2.3　影响混凝土结构耐久性的其他因素

2.3.1　混凝土的碳化

混凝土是一种多孔性的人造石材，在存在内外压力差的情况下，必然会引起液体或气体从高压处向低压处的迁移、渗透，混凝土抵抗这些气体或液体渗透的能力被称为抗渗性。在混凝土结构中，若混凝土的密实性差，则其抗渗性也差。这样一来，当外界压力大于混凝土内部的压力时，外界环境中的二氧化碳就很容易渗透到混凝土内部，与水泥的某些水化产物发生作用，混凝土发生碳化。在某些条件下，混凝土的碳化会增加其密实性，

提高混凝土的抗化学腐蚀能力;但是,由于碳化会降低混凝土内部的碱度,破坏钢筋表面的钝化膜,使混凝土失去对钢筋的保护作用,将给混凝土中钢筋的锈蚀带来不利的影响。在水和空气同时渗入的情况下,一般都会导致钢筋锈蚀。而钢筋锈蚀的产物由于体积的膨胀,会使混凝土保护层产生裂缝,而混凝土保护层的开裂又将进一步加剧钢筋的腐蚀,形成了一种恶性的循环,进而导致混凝土结构物的破坏。混凝土的碳化过程可用下列化学式表示

$$CO_2 + H_2O \longrightarrow H_2CO_3 \tag{2-10}$$

$$Ca(OH)_2 + H_2CO_3 \longrightarrow CaCO_3 + 2H_2O \tag{2-11}$$

归纳起来,影响混凝土碳化速度的主要因素可分为周围环境因素、施工因素和材料因素等三大类。归根到底,最主要的是混凝土本身的密实性和碱性储备的大小,即混凝土的渗透性及其氢氧化钙等碱性物质含量的大小。

周围环境因素的影响主要指周围介质的相对湿度、温度、压力及二氧化碳的浓度等对混凝土碳化的影响。例如:一般说来,当相对湿度处于 40%～70%之间时,碳化作用以最大的速度进行。水分对碳化作用是很必要的,这是由于在碳化作用的初始阶段需要水分来形成碳酸。当相对湿度小于 40%时,水分不够;而当相对湿度大于 70%时,水分又太多,以致降低了二氧化碳对混凝土的渗透作用。

施工因素的影响主要指的是混凝土搅拌、振捣和养护等条件的影响。显而易见,施工质量的好坏对混凝土的密实性影响是很大的。

材料因素的影响则主要指水泥用量、水灰比、各类矿物掺和料取代量、水泥品种和集料品种等因素对混凝土碳化的影响。其中,水泥的掺量和性能起着一个十分重要的作用。当混凝土中水泥含量较低时,由于只有少量的碱需要中和,碳化的速度则会相对加快。

经过长期的研究和讨论,混凝土的碳化已经有了被广泛认同的模型[2.8],这里不再赘述。当混凝土的碳化速度已知时,理论上就可以相应得到由于混凝土碳化而引起钢筋锈蚀所需要的初始时间 t_0,为混凝土结构的耐久性设计提供依据。

对于服役的混凝土结构,还可以通过实测的方法来确定混凝土的碳化深度,实测方法可与公式计算评价方法相辅相成,互相补充验证。目前可以采用的实测方法主要有酸性显示剂法、显微技术检查法、热中子分析法、X 光衍射法,以及化学分析法等。

酚酞试剂法是最普遍采用的测试方法。使用此方法时,需要特别注意保持被测试混凝土表面和取样的新鲜和干净。

一般认为,在正常使用的大气环境条件下,暴露在大气中的普通混凝土结构,在设计基准期 50 年内,混凝土的碳化深度不允许超过其构件的保护层厚度。但在腐蚀性环境下,仅以混凝土保护层的碳化来评价混凝土对钢筋的保护作用是不够的。因此,既要考虑混凝土的抗碳化性能,又要考虑混凝土中钢筋的锈蚀状态,而且应以钢筋的锈蚀状态为主要依据来确定混凝土的允许碳化深度。

2.3.2 硫酸盐侵蚀

固体硫酸盐对混凝土并不能造成什么危害,但当溶解于溶液中时,可与已硬化的水泥浆发生反应。在化学工业环境中,主要是大气污染以及含有大量硫酸盐成分的风对裸露

的混凝土表面所造成的侵蚀，在晚上有露水的情况下，这种侵蚀变得更加严重。

硫酸盐侵蚀的产物，如石膏和硫铝酸钙，其体积比它们所置换的混凝土成分的体积大。因此，硫酸盐与混凝土的反应将会导致混凝土的开裂及破坏。

硫酸钠与氢氧化钙的反应可以表示如下

$$Ca(OH)_2 + Na_2SO_4 \cdot 10H_2O \longrightarrow CaSO_4 \cdot 2H_2O + 2NaOH + 8H_2O \tag{2-12}$$

与铝酸钙的反应可以表示如下

$$2(3CaO \cdot Al_2O_3 \cdot 12H_2O) + 3(Na_2SO_4 \cdot 10H_2O) \longrightarrow 3CaO \cdot Al_2O_3 \cdot 3CaSO_4 \cdot 3H_2O + 2Al(OH)_3 + 6NaOH + 17H_2O \tag{2-13}$$

遭到硫酸盐侵蚀的混凝土表面一般将显白色。破坏一般首先在边缘或角处出现，接着就会产生混凝土的开裂及脱落并最终导致结构混凝土的破坏。

确定混凝土是否遭到硫酸盐侵蚀的标准方法为通过化学分析确定混凝土样品中的硫酸盐含量。一般认为，当硫酸盐含量达到水泥含量的 3%（质量比）时，混凝土将会遭到硫酸盐的侵蚀。BS1881Pt.124 对此进行了详细的叙述，并包括取样的步骤及精度，这里不再赘述。另外，也可以采用其他如岩相分析或差热分析等方法来确定混凝土中硫酸盐的含量及成分。

2.3.3　混凝土的碱骨料反应

2.3.3.1　混凝土碱骨料反应的基本机理

混凝土的碱骨料反应（Alkali Aggregate Reaction，缩写为 AAR），就是混凝土内部成分之间进一步化学反应的一种。混凝土原材料中的水泥、外加剂、混合材和裂隙水中的碱（Na_2O 和 K_2O）与骨料中的活性成分反应，在混凝土浇筑成型后若干年内（数年至二三十年）逐渐反应，反应生成物吸水膨胀使混凝土产生内部应力，膨胀开裂。由于活性骨料经搅拌后大体在混凝土内部呈均匀分布，所以一旦发生碱骨料反应，混凝土内各部分均产生膨胀应力，使混凝土开裂。而混凝土的开裂往往又会加剧混凝土中钢筋的锈蚀、冻融破坏、碳化和侵蚀等多种物理化学腐蚀作用，并相互促进，导致混凝土结构耐久性的迅速下降。针对混凝土的碱骨料反应问题，目前尚无有效的阻止和修复方法，因此被称为“混凝土的癌症”。

混凝土结构发生碱骨料反应需要具有三个条件：首先是混凝土的原材料水泥、混合材、外加剂和水等含碱量高；第二是骨料中有相当数量的活性成分；第三是潮湿环境，有充分的水分或湿润空气供给。

2.3.3.2　碱骨料反应的分类和机理

1）碱硅酸反应

1940 年美国加利福尼亚州公路局的斯坦敦，首先发现了混凝土的碱骨料反应问题，引起了工程界的广泛重视，这种反应就是碱硅酸反应。碱硅酸反应是水泥中的碱与骨料中的活性氧化硅成分反应产生碱硅酸盐凝胶或简称碱硅凝胶。碱硅凝胶固体体积大于反应前的体积，且具有强烈的吸水性，吸水膨胀后引起混凝土内部膨胀应力，碱硅凝胶吸水后将进一步促进碱骨料反应的发展，并最终导致混凝土的开裂或崩溃。

能与碱发生反应的活性氧化硅矿物主要有蛋白石、玉髓、鳞石英、方英石、火山玻璃及结晶有缺欠的石英，以及微晶、隐晶石英等，而这些活性矿物广泛存在于多种岩石中，因此世界各国发生的碱骨料反应绝大多数为碱硅酸反应。

2)碱碳酸盐反应

1955 年加拿大金斯敦城人行路面发生大面积开裂，对骨料采用美国 A.S.T.M 标准的砂浆棒法和化学法检验，属非活性。据此，斯文森于 1957 年提出了与碱硅酸反应不同的碱骨料反应，即碱碳酸盐反应。

碱碳酸盐反应的机理与碱硅酸反应完全不同，在泥质、石灰质白云石中含粘土和方解石较多，碱与这种碳酸盐反应时，将其中白云石转化为水镁石，水镁石晶体排列的压力和粘土吸水膨胀，引起混凝土内部膨胀应力，导致混凝土开裂。

3)碱硅酸盐反应

1965 年基洛特加对加拿大斯科提亚地方的混凝土膨胀开裂进行研究并提出了不同于碱硅酸反应的碱硅酸盐反应。虽然对该种反应的定义有不同的看法，但由于这类反应膨胀进程较为缓慢，采用常规检验碱硅酸反应的方法无法判断其活性，因此在进行膨胀检验时，还应与一般碱硅酸反应类型有所区别。

2.3.3.3　碱骨料活性的常用检测方法

从碱骨料反应的特点可以看出，骨料是否具有碱活性是混凝土发生碱骨料反应的先决条件，对结构混凝土是否采取预防措施及采取何种预防措施，必须在掌握骨料是否具有碱活性之后才能做出决策。因此，骨料碱活性评定方法的研究便成为碱骨料反应研究的重要方面之一。目前国际上常用的骨料碱活性的检验方法主要有岩相法、化学法、砂浆棒法、混凝土法、压蒸法和岩石柱法等。

岩相法是指通过肉眼并借助光学显微镜鉴定集料的岩石种类、矿物组成及各组分含量，并依此判断集料的碱活性的方法。岩相鉴定结果对其后选择合适的检测方法有重要指导作用，该方法的优点是速度快，缺点是只能定性而不能定量地评估含碱活性的骨料在混凝土中可能引起破坏的程度，且需要有相当熟练的操作技术。

化学法(A.S.T.M C-289)是传统的、曾经被广泛使用的骨料碱活性检测方法，主要和砂浆棒法配合使用。化学法的缺点首先在于非 SiO_2 物质对结果的干扰。大量实践指出，化学法能够成功鉴定高碱条件下快速膨胀的集料，但不能鉴定由于微晶石英或变形石英而导致的众多慢膨胀集料，因为这些集料的 SiO_2 溶出量和碱度降低值都很低。另外，化学法存在判据不确定的问题，这是由于不同的允许溶出 SiO_2 极限值的确定存在实际操作的困难。化学法曾被广泛应用，但国内外大量的实践证明该方法不可靠。我国水工混凝土标准一直以化学法为标准方法，鉴于其他国家的经验教训，有必要慎重考虑该方法对我国水工混凝土结构骨料的适用性。

砂浆棒法最早是 1950 年制定的 A.S.T.M C-227 法，该方法以砂浆棒的膨胀率大小作为骨料碱活性的判据。砂浆棒法是鉴定骨料碱活性的经典方法，后来发展的快速砂浆棒法也依此为基础。砂浆棒法存在的问题主要表现在以下几个方面：①结果受养护条件的影响，即湿度控制精度的影响；②水泥碱含量的规定不科学；③水灰比不确定，用水量靠控制流动度确定，易导致相反的结论。

另外，由于砂浆棒法试验周期长，不能满足大多数情况下工程的实际需要，而且广泛存在漏判错判实例，尤其是不能鉴定出许多慢膨胀集料的碱活性，因此各国研究者围绕快速、可靠、方便、可重复性好等目标进行了研究改进，发展了高温、高碱条件下的快速砂浆棒法，但仍存在一定的问题。

混凝土棱柱体法本是用来检验碳酸盐碱活性的方法，后发现该方法也适用于硅质集料。该方法可直接用于粗集料，因而接近混凝土实际，但膨胀结果受水泥细度、水灰比、养护条件及配合比（粗细集料之比）的影响，试验周期长，且方法也存在一定的问题。

压蒸法是在高压的条件下，通过高温、高碱加速集料中的活性组分与碱反应，进一步缩短评定时间，可分为压蒸砂浆试体法和压蒸混凝土试体法。

岩石柱试验法专门检验碳酸盐岩石骨料的碱活性。

目前，尽管已经对骨料碱活性检测方法进行了大量的研究，但由于碱骨料反应的复杂性和各国（各地区）集料在类型、分布上的差异，决定了各国、各地区在使用时只能依据本国或本地区特定的集料类型和分布制定适合的标准。对于具体工程，应结合工点地区石料的具体特点，制定配套的检测、评定标准。

2.4　典型腐蚀性环境

环境一般是对要考虑的主体而言，指与之有某些关系的事物和现象。在这里，各类腐蚀环境下的服役混凝土结构是需要考虑的主体，而围绕着结构的大气圈、水圈等自然圈以及城市、交通、人类活动等则构成了结构周围的环境。

大量混凝土工程实践表明，混凝土结构耐久性问题的产生，是服役结构所处环境中多种因素共同作用的结果，而非仅受单一因素的影响。因此，还需对各类环境的环境特点及腐蚀性构成等加强了解，为耐久性问题的进一步研究提供依据。

2.4.1　化学工业腐蚀性环境

在化工生产活动中，由于生产工艺的不完善，生产原料、方式的不同以及对各种排放物处理的不够彻底等原因，大量侵蚀性介质（如二氧化碳、二氧化硫、硫化氢以及氯离子、工业废水、废液等）充斥着混凝土结构的工作环境，对混凝土结构具有一定的腐蚀性，会对混凝土结构造成一定的腐蚀损伤，影响到结构的安全性及可靠性。

在化工工业中，各类生产企业由于生产产品以及生产工艺流程等的不同，向环境中排放的腐蚀性排放物也各有不同，如表 2-2 和表 2-3 所示[2.10]。

表 2-2　化学工业环境中主要腐蚀性气体的来源

腐蚀性气体	来源
二氧化硫	硫酸厂、染料厂、石油化工厂、以硫酸为原料的化工厂
氯、氯化氢	氯碱厂、石油化工厂、农药厂
二氧化碳	石油化工厂、氮肥厂、硫酸厂
二硫化碳	化学纤维厂等
硫化氢	石油化工厂

表 2-3 化学工业部门向大气排放的主要腐蚀性介质

企业类别	主要腐蚀性介质
石油化工厂	二氧化碳、氯化物、硫化氢、氰化物、氮氧化物
氮肥厂	一氧化碳、硫酸气溶胶、氨、烟尘、氮氧化物
磷酸厂	硫酸气溶胶、氟化氢、烟尘
硫酸厂	二氧化硫、一氧化碳、硫酸气溶胶、氨、氮氧化物
氯碱厂	氯气、氯化氢
化学纤维厂	硫化氢、二硫化碳、烟尘、甲醇、丙酮
农药厂	农药、甲烷、砷、醇、氯
冰晶石厂	氟化氢
合成橡胶厂	氯化钾、二氯乙烷、二氯乙醚、乙硫烷及其他有机物

化工腐蚀性排放物大都是在生产过程中产生的，但其产生的原因和进入环境的途径则是多种多样的，一般有下列几个方面：

(1)由于化学反应转化率低所造成的化学反应不完全所产生的废物。

(2)化学反应的副产品所形成的废料。

(3)燃烧所产生的废气。

(4)大型冷却设备所产生的冷却废水。

(5)设备和运输管道的泄漏以及各种反应添加剂所形成的废料等。

排放到结构周围环境中以气体分子状态存在的硫化物，如二氧化硫、硫化氢等，在有水雾、含有重金属的飘尘或氮氧化物存在时，会发生一系列的化学或光化学反应而生成硫酸雾或硫酸盐气溶胶，一般称为硫酸烟雾，对混凝土结构具有较强的腐蚀作用。

考虑到化工生产的特点及混凝土结构腐蚀的主要成因，化工生产环境的腐蚀性主要受以下几个方面因素的影响：

(1)结构周围环境中气态及液态腐蚀性介质因素的影响。其中，液态腐蚀性介质主要指“工业三废”及部分区域由于设备或运输管线等的“跑、冒、滴、漏”而产生的强腐蚀性化学溶液。

(2)温度因素的影响。这里，温度并非单纯指结构周围大环境的平均温度，也包括处于反应容器或设备等周围区域小环境的温度情况。

(3)相对湿度因素的影响。温度因素相同，也应对局部区域小环境的相对湿度情况加以考虑。

(4)地理环境因素的影响。腐蚀性介质从污染源排出后，因其所处地理环境的不同，危害程度也有所差异。一般认为，当工业区处于封闭的山谷盆地时，因四周群山的屏障影响，往往静风、小风频率占很大比重，不利于大气中腐蚀性介质的扩散，造成局部区域环境腐蚀性介质浓度的增高。另外，高层建筑、体形大的建筑物和构筑物等，对于气体的扩散也有一定的影响。

(5)生产设备和运输管线的泄漏情况因素的影响。

(6)地基土壤因素的影响。

GB50046—95[2.11]对主要化工生产企业各生产部位的腐蚀性介质类别进行了划分，并根据腐蚀性介质对建筑材料破坏的程度，即外观变化、质量变化、强度损失以及腐蚀速度等因素，对各类腐蚀性介质的腐蚀性等级进行了综合评定，并划分为强腐蚀、中等腐蚀、弱腐蚀和无腐蚀四个等级。

在化工生产环境中，影响环境腐蚀性的因素很多，这些因素大都是不确定性的。同时，由于化工企业的类别较多且缺乏有效及系统的基础数据，进行定量分析难以做到，而且也是不必要的。因此，可以采用模糊综合评判的方法对各种化工环境的腐蚀性[2.12]进行评判。

2.4.2　海洋环境[2.15,2.16]

海水是一种含有大量以氯化钠为主的盐类的近中性的电解质溶液，并溶有一定量的氧，盐度(指 1 000 g 海水中溶解的固体盐类物质的总克数)是海水的一项重要指标，海水的许多物理化学性质如密度、电导率、氯度以及溶解氧等都与盐度有关。海水腐蚀的影响因素主要有：含盐量的影响、电导率的影响、溶解物质(如二氧化碳、碳酸盐等)的影响、pH 值的影响、温度的影响、流速和波浪的影响等。海水的组成中，氯离子含量最高，氯度为 19‰，占离子总含量的 55%，是造成结构混凝土中钢筋腐蚀的主要原因。

所谓海洋环境，是指从海洋大气到海底泥浆这一范围内的任一种物理状态，诸如温度、风速、日照、含氧量、盐度、pH 值以及流速等。海洋环境是混凝土结构所面临的最严酷的环境条件之一，在这种环境下服役的混凝土结构，其耐久性的降低及相关问题的出现，主要是由于海洋环境中的氯离子侵入混凝土导致钢筋锈蚀而引起的[2.4,2.8,2.9,2.13,2.14]。

海洋环境一般可分成性质不同的几种类型区域：海洋大气区、飞溅区、潮汐区、海水全浸区以及海泥区。从海洋大气区到海泥区的不同海洋环境区域，各种环境因素会有很大变化，对混凝土结构的腐蚀作用也有所不同。

(1)海洋大气区。海洋大气区是指海面飞溅区以上的大气区和沿岸大气区。在此区域中，空气湿度大，含盐分多。当接触混凝土表面以后，便在表面产生沉积。一旦吸水潮解，或有水分溅落时，此沉积的盐分将从表面沿孔隙向混凝土中渗透，并导致混凝土中钢筋的锈蚀，使混凝土结构破坏。

(2)飞溅区。飞溅区是指平均高潮线以上海浪飞溅所能润湿的区段。在飞溅区，混凝土表面几乎连续不断地被充分而又不断更新的海水所润湿。由于波浪和海水飞溅，海水与空气充分接触，海水含氧量达到最大程度。海水中的盐分不断地由表面向混凝土内部扩散，加之海浪的冲击造成的磨耗—腐蚀联合作用的破坏，使该区域的混凝土腐蚀损伤程度相当严重。

(3)潮汐区。潮汐区一般是指平均高潮位和平均低潮位之间的区域。与飞溅区不同，潮汐区氧气的扩散相对慢一些，混凝土表面的温度受海水温度影响较大，且磨耗作用相对较小。但盐分不断地由表面向混凝土内部扩散，加之混凝土表面的干湿交替作用，使得该区域的混凝土腐蚀损伤程度也较为严重。

(4)海水全浸区。全浸区指在平均低潮线以下直至海底的区域，根据海水深度的不同，又分为浅海水区和深海水区，一般所说的浅海水区大多指深度在 100～200 m 以内的海水。在浅海区，表层海水的含氧量通常达到或接近饱和状态，且温度较高，因此仍应加强对该区域混凝土结构的防护；在深海区，一般由于含氧量较表层海水低得多，且温度较低，所以混凝土受到的侵蚀也相对较轻。

(5)海泥区。海泥区是指海水全浸区以下部分，主要由海底沉积物构成。海泥区含盐度高，电阻率低，因此其腐蚀性高于陆地土壤。由于海泥区的氧浓度与其他区域相比非常低，因此对混凝土的侵蚀也相对较轻，但应注意海底沉积物中细菌如厌氧型硫酸盐还原菌等可能对混凝土结构产生的腐蚀作用。

可以看出，在海洋环境中，海洋大气区、飞溅区和潮汐区对混凝土结构具有较强的腐蚀作用，而海水全浸区和海泥区则由于含氧量的影响，腐蚀作用相对较弱。另外，还需注意飞溅区和潮汐区的磨耗、干湿交替、机械冲击、冻融以及碱骨料反应等可能对混凝土结构耐久性所造成的不利影响。

JTJ275—2000[2.17]将影响混凝土结构耐久性的海洋环境划分为大气区、浪溅区、水位变动区及水下区等四个区域，环境分区的划分原则见表 2-4。

表 2-4　海水环境混凝土部位划分

掩护条件	划分类别	大气区	浪溅区	水位变动区	水下区
有掩护条件	按港工设计水位	设计高水位加 1.5 m 以上	大气区下界至设计高水位减 1.0 m 之间	浪溅区下界至设计低水位减 1.0 m 之间	水位变动区以下
无掩护条件	按港工设计水位	设计高水位加 (η_0 +1.0 m)以上	大气区下界至设计高水位减 η_0 之间	浪溅区下界至设计低水位减 1.0 m 之间	水位变动区以下
	按天文潮潮位	最高天文潮位加 0.7 倍百年一遇有效波高 $H_{1/3}$ 以上	大气区下界至最高天文潮位减百年一遇有效波高 $H_{1/3}$ 之间	浪溅区下界至最低天文潮位减 0.2 倍百年一遇有效波高 $H_{1/3}$ 之间	水位变动区以下

应该注意的是，处于各类腐蚀性环境下的混凝土结构，除直接受到环境中各类因素的侵蚀作用(如腐蚀性介质、磨耗、干湿交替、机械冲击、冻融以及碱骨料反应等)，也会因为结构本身的加载、温度、徐变、收缩等引起的变形和裂缝促使腐蚀的加速和结构使用寿命的缩短。因此，在新建结构的设计中应注意对混凝土裂缝宽度和拉应力作出限制。

参考文献

[2.1] Tutti K. Corrosion of Steel in Concrete. Swedish cement and concrete Research Institute Report. Stockholm, 1982

[2.2] Paul Chess, et al. Corrosion Investigation a guide to half-cell mapping. Thomas Telford Services Ltd.,

1996

[2.3] Written Contribution from DR CHRIS PAGE to Session 6: Deterioration of Concrete Mechanism and Research

[2.4] B.M. 莫斯克文,等.混凝土和钢筋混凝土的腐蚀及其防护方法．黄炯秋,等译．北京:化学工业出版社,1988

[2.5] Gonzalez J A, Feliu S, Rodiguez P, et al. Some questions on the corrosion of steel in Concrete. PartII: Corrosion mechanism and monitoring, service life prediction and potection methods. Materials and Structures, 1996, 29(3): 97～104

[2.6] Page C L. Corrosion Mechanisms, Aston University, UK

[2.7] 赵卓,等．受氯化物腐蚀钢筋混凝土结构的腐蚀检测与评价．建筑结构,2000,30(12):20～22

[2.8] 金伟良,赵羽习．混凝土结构耐久性．北京:科学出版社,2002.93～96

[2.9] 洪定海．混凝土中钢筋的腐蚀与防护．北京:中国铁道出版社,1998

[2.10] 同济大学,重庆建筑工程学院．城市环境保护.北京:中国建筑工业出版社,1982

[2.11] GB50046—95　工业建筑防腐蚀设计规范

[2.12] 赵卓．受腐蚀钢筋混凝土结构的可靠性检测诊断与控制维修决策:[学位论文].哈尔滨:哈尔滨建筑大学,1998

[2.13] 王用中,等．沿海混凝土桥梁的腐蚀与防护．桥梁建设,2000(3):65～68

[2.14] 张文忠,等．海洋环境混凝土结构中钢筋的腐蚀机理和防护实践．华南理工大学学报(自然科学版),1999,27(11):92～97

[2.15] 中国腐蚀与防护学会．自然环境的腐蚀与防护．北京:化学工业出版社,1997

[2.16] 赵磊．在役预应力混凝土桥梁的腐蚀研究:[学位论文].郑州:郑州大学,2001

[2.17] JTJ275—2000　海港工程混凝土结构防腐蚀技术规范

第 3 章 氯离子侵蚀的相关问题

3.1 混凝土中氯离子含量的临界值[3.1~3.3]

当由于种种原因,氯离子含量在钢筋周围达到某一临界值时,钢筋的钝化膜开始破坏,丧失对钢筋的保护作用,从而引起钢筋锈蚀。混凝土中的氯离子主要由两部分组成:一部分是由拌和水、水泥、细骨料、粗骨料、矿物掺和料以及各种外加剂等混凝土组成材料带进混凝土的氯离子,一部分是通过混凝土保护层由外界环境渗透进入混凝土内部的氯离子。因此,为保证混凝土的耐久性,应根据混凝土的种类、环境条件等对混凝土拌和物中氯化物的总量加以限制。

关于引起钢筋锈蚀的氯离子临界值,目前看法并不一致。研究者所用的材料、规定的试验条件的不同,其结果也有一定差异,但一般界定于占水泥质量的0.35%~1%范围内。

英国结构协会已经确定将水泥质量的0.4%作为导致钢筋锈蚀的极限容许量。氯离子的含量包括混凝土中可溶及不可溶的部分。BS5400以95%的可信度将0.35%作为容许含量,并且无一例试验的结果超过0.5%。然而,已经有报道说在氯离子已经通过硬化混凝土到达钢筋表面,并且氧气充分的条件下,0.15%的氯离子也将导致钢筋的腐蚀。

JTJ275—2000[3.1]针对预应力混凝土和钢筋混凝土,分别规定了混凝土拌和物中氯离子含量的最高限值(以水泥质量百分率计)为0.06%和0.1%,如表3-1所示。

表 3-1 混凝土拌和物中氯离子的最高限值(按水泥质量百分率计)

预应力混凝土	钢筋混凝土
0.06	0.10

针对混凝土拌和物中氯离子含量的最高限值,国外的有关规定要求也不尽一致。其中,日本《混凝土标准规范》(1986)规定:

(1)对于一般钢筋混凝土和后张预应力混凝土,混凝土中的氯离子总量定为0.6 kg/m³以下。

(2)对耐久性要求特别高的钢筋混凝土和后张预应力混凝土,在可能发生盐害和电腐蚀的场合以及采用先张预应力混凝土的场合,混凝土中氯离子的总量定为0.3 kg/m³以下。

(3)针对预拌混凝土(JLSA5308—1986),混凝土中的氯化物含量,在卸货地点,氯离子必须在0.3 kg/m³以下。但在得到业主认可时,可在0.6 kg/m³以下。

《FIP海工混凝土结构的设计与施工建议》(1986)考虑了气候的影响,对混凝土拌和物中氯离子含量的最高限值(按水泥质量的百分率)做出了相应规定,如表3-2所示。

表 3-2　FIP 氯离子含量(%)的最高限值

环境条件	钢筋混凝土	预应力混凝土
热带气候	0.1	0.06
温带气候	0.4	0.06
极冷地区	0.6	0.06

表 3-3 列出了美国混凝土学会(ACI)的相关规定。

表 3-3　ACI 混凝土中允许的氯离子含量最高限值(水泥质量百分比)

类型		ACI_{201}	ACI_{318}	ACI_{222}
预应力混凝土		0.06	0.06	0.08
普通混凝土	湿环境、有氯盐	0.10	0.15	0.20
	一般环境、无氯盐	0.15	0.30	0.20
	干燥环境或有外防护层	—	1.0	0.20

表 3-4 列出了英国 BS6235—1982 和 BS8110—1985 考虑不同水泥类型,对混凝土拌和物中氯离子含量限值的相关规定。

表 3-4　BS 混凝土中氯离子含量的最高限值(水泥质量百分比)

结构种类	水泥品种	BS6235—1982	BS8110—1985
钢筋混凝土	符合 BS12 的水泥或相当水泥	0.35	0.40
	符合 BS4207 的水泥或相当水泥	0.60	0.20
预应力	各种水泥	0.06	0.10

我国各行业规程、规范对氯盐含量最高限值的规定差异较大,其中,GB50010—2002 考虑不同环境类别,对最大氯离子含量、最大水灰比等耐久性相关因素做出了相应规定,如表 3-5 所示。

表 3-5　GB 结构混凝土耐久性的基本要求

环境类别		最大水灰比	最小水泥用量 (kg/m^3)	最低混凝土强度等级	最大氯离子含量 (%)	最大碱含量 (kg/m^3)
一		0.65	225	C20	1.0	—
二	a	0.60	250	C25	0.3	3.0
	b	0.55	275	C30	0.2	3.0
三		0.50	300	C30	0.1	3.0

3.2 氯离子在混凝土中的扩散[3.4~3.6]

基于所处环境的不同，外部氯离子一般通过渗透、扩散以及毛细作用等方式侵入混凝土。

氯离子在混凝土中扩散的研究是由Collepardi于1970年开始的，并于1972年发表了基于Fick第二定律的氯离子扩散系数的计算结果[3.7]。目前，Fick第二定律已经成为计算氯离子在混凝土中扩散过程的经典理论。

氯离子扩散的速度决定了钢筋去钝化的时间。通常情况下，影响氯离子扩散的因素主要为混凝土材料本身的特性和环境因素，如周围的相对湿度、温度和氯离子的浓度等。

通常情况，在氯离子侵蚀环境下，为简化计，一般认为氯离子在没有开裂的混凝土中的扩散模型为

$$C_x = (C_s - C_0)\left[1 - \operatorname{erf}\left(\frac{x}{2\sqrt{Dt}}\right)\right] + C_0 \tag{3-1}$$

式中　C_x——t 时刻 x 处的浓度；

C_s——表面处的浓度；

C_0——初始浓度；

D——扩散系数。

当假设选用不含有氯离子成分的材料时，可认为 C_0 为零，方程可简化为

$$C_x = C_s\left[1 - \operatorname{erf}\left(\frac{x}{2\sqrt{Dt}}\right)\right] \tag{3-2}$$

当 t 时刻 x 处的浓度 C_x 达到临界氯离子浓度 C_{cr} 时，则可求解出氯离子侵蚀引起钢筋锈蚀的初始时间 t_0

$$t_0 = \frac{x^2}{4D}\left[\operatorname{erf}^{-1}\left(1 - \frac{C_{cr}}{C_s}\right)\right]^{-2} \tag{3-3}$$

可以看出，氯离子扩散系数 D 是用来反映混凝土对氯化物侵蚀抵抗能力的重要参数，与混凝土的抗渗性能有较大关系。氯离子在混凝土中的扩散受到许多因素的影响，如水灰比、水泥品种、骨料级配、外加剂种类和掺量、养护条件、暴露时间、环境温湿度等。

在常规的扩散方程中，取氯离子扩散系数 D 为不随时间和其他相关参数变化的常量。但实际上混凝土是一种水硬性材料，其水化过程需要经过很长时间才能完成，随着混凝土的不断水化，其内部结构越来越密实。实际检测发现，混凝土的扩散系数随着龄期的增长而越来越小，特别是开始的1～3年内扩散系数下降最为明显，只有在龄期较长时，扩散系数才基本趋于一个常量。但对于普通混凝土来说，有研究表明它的扩散系数基本上不随时间变化。

水灰比是反映混凝土密实程度的主要因素之一，而混凝土密实度是抗氯离子扩散能力的主要因素。从许多试验结果中可以观察到当水灰比增大时，混凝土的渗透性、氯离子的扩散系数都有不同幅度的提高，文献[3.8]给出了氯离子扩散系数与水灰比之间的关系

$$D = 34.776w/c - 6.448 \tag{3-4}$$

式中　w/c——水灰比。

3.3　混凝土渗透性的快速检测技术

混凝土渗透性的高低是反映混凝土耐久性好坏的重要指标之一,混凝土渗透性快速检测技术在近 20 年来发展迅速,目前常规采用的主要有渗水法(包括渗水高度法、渗水标号法及渗水系数法等)、电量法(包括 A.S.T.M C-1202 方法及其改良方法等)、电导率法(包括直流和交流电法等)、氯离子扩散系数法(主要包括自然浸泡法、电迁移法及饱盐电导率法等)以及极限电压法等,各类测试方法的特点如表 3-6[3.3] 所示。

表 3-6　各类混凝土渗透性测试方法的特点

序号	测试方法	适用范围（混凝土强度等级）	测量周期	适用场合或目的
1	传统渗水压法	＜C30	7～14 d	防水要求＞P8
2	电量法（含改进法）	C30～C50	饱水后 6 h	配合比筛选、质量波动监控及验收（按设计指标要求，HPC＜1 000 C）
3	氯离子扩散系数法（唐路平法）	C50～C70	饱水后 6～96 h	配合比筛选、质量波动监控及验收(按设计指标要求)、简单寿命预测
4	氯离子扩散系数法（NEL 法）	C20～C100	饱盐后 5～8 min	配合比筛选、质量波动监控及验收(按设计指标要求,HPC＜3×10^{-8} cm^2/s)、简单寿命预测
5	饱水电导率法（NEL 法）	C20～C100	饱水后 5～8 min	配合比筛选、质量波动监控及验收(按设计指标要求)
6	极限电压法（清华大学）	C20～C100	烘干后 5～8 min	配合比筛选、质量波动监控

以下将简要介绍基于电量法的混凝土抗氯离子渗透性标准试验方法和基于氯离子扩散系数法的 RCM 法。

3.3.1　混凝土抗氯离子渗透性标准试验方法

列于 JTJ275—2000 中的混凝土抗氯离子渗透性标准试验方法是 A.S.T.M C-1202 标准的精简。该试验方法以电量指标来快速测定混凝土的抗氯离子渗透性,适用于检验混凝土原材料和配合比对混凝土抗氯离子渗透性的影响。该试验方法适用于直径为(95±2)mm,厚度为(51±3)mm 的素混凝土试件或芯样,但不适用于掺亚硝酸钙的素混凝土。

其试验的基本原理是:在直流电压的作用下,氯离子能通过混凝土试件向正极方向移动,以测量流过混凝土的电荷量来反映渗透混凝土的氯离子量。试验装置如图 3-1 所示。

应该注意的是，该方法的应用尚存在一定的问题[3.3]，易造成试验数据不能如实反映混凝土的渗透性。

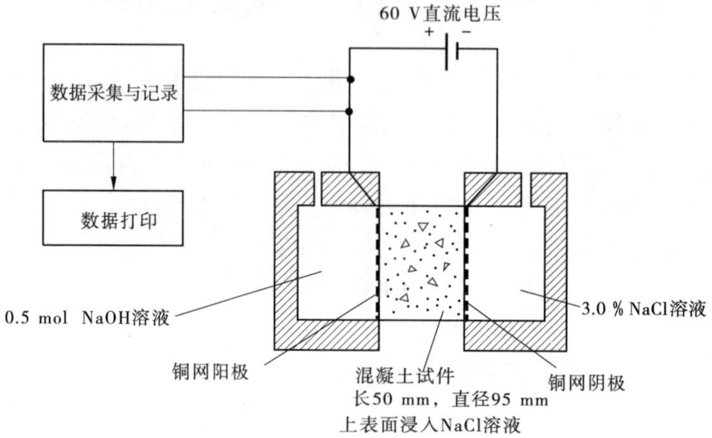

图 3-1　试验装置示意图

3.3.2　RCM 法

该试验方法参照 Dura-Crete 非稳态电迁移试验原理，定量评价混凝土抵抗氯离子扩散的能力，为氯离子侵蚀环境中的混凝土结构耐久性设计以及使用寿命的评估与预测提供基本参数。

本试验方法适用于骨料最大粒径不大于 25 mm（一般不宜大于 20 mm）的试验室制作的或者从实体结构取芯获得的混凝土试件，标准试件尺寸为 $\phi=(100\pm1)$mm，$h=(50\pm2)$mm。试验数据可以用于氯离子侵蚀环境下耐久混凝土的配合比设计和作为混凝土结构质量检验评定的依据。其试验原理如图 3-2 所示。

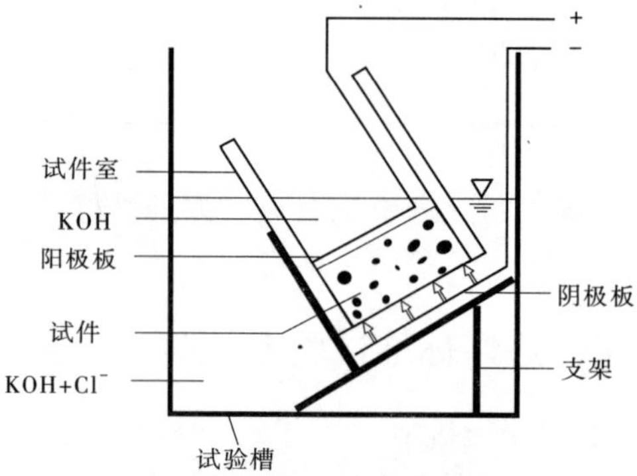

图 3-2　RCM 测定仪原理

混凝土氯离子扩散系数按下式计算

$$D_{RCM,0}=2.872\times10^{-6}\,\frac{Th(x_d-\alpha\sqrt{x_d})}{t} \tag{3-5}$$

其中

$$\alpha=3.338\times10^{-3}\sqrt{Th}$$

式中　$D_{RCM,0}$——RCM 法测定的混凝土氯离子扩散系数，m^2/s；

T——温度，K；

h——试件高度，m；

x_d——氯离子扩散深度，m；

t——通电试验时间，s。

3.3.3　氯离子含量的测定

对氯离子侵蚀环境下的混凝土结构，在现场检测中，为分析混凝土结构中钢筋的腐蚀发展情况，需要测定结构混凝土中氯离子的含量，一般常采用硝酸银滴定法测定。该试验方法的基本原理是在混凝土试样的硝酸溶液中加入过量的硝酸银标准溶液，使氯离子完全沉淀以最终获得氯离子含量。氯离子含量可按下式计算

$$p_{Cl} = \frac{0.035\,45(C_{AgNO_3} \cdot V - C_{KSCN} \cdot V_1)}{G\left(\frac{V_2}{V_3}\right)} \tag{3-6}$$

式中　C_{AgNO_3}——硝酸银标准溶液的浓度；

V——加入滤液中的硝酸银标准溶液量；

C_{KSCN}——硫氰酸钾标准溶液的浓度；

V_1——滴定时消耗的硫氰酸钾标准溶液量；

V_2——每次滴定时提取的滤液量；

V_3——浸润样品的水量；

G——试验液的质量。

另外，还可采用 Quan-tab 氯离子滴定试纸法、Hach 检验法、快速氯离子检验法以及 X 光谱测定法等。应该注意的是，在上述方法中，都需要从结构中提取样品，一般是通过钻孔并收集碎屑。钻孔的最初 5 mm 所得到的碎屑由于氯离子渗析的缘故，并不能真实反映混凝土中氯离子的含量，因此应舍弃不用。

参考文献

[3.1]　JTJ275—2000　海港工程混凝土结构防腐蚀技术规范

[3.2]　GB50010—2002　混凝土结构设计规范

[3.3]　CCES01—2004　混凝土结构耐久性设计与施工指南

[3.4]　赵磊．在役预应力混凝土桥梁的腐蚀研究：[学位论文]．郑州：郑州大学，2001

[3.5]　赵卓，等．受氯化物腐蚀钢筋混凝土结构的腐蚀检测与评价．建筑结构，2000，30(12)：20～22

[3.6]　金伟良，赵羽习．混凝土结构耐久性．北京：科学出版社，2002．93～96

[3.7]　Collepardi M，et al. Penetration of chloride ions into cement pastes and concrete. American Ceramic Society，1972，55

[3.8]　赵尚传．氯盐环境下非承载力因素对受弯构件可靠性的影响．公路，2003(9)：12～17

第 4 章 混凝土中结构钢筋锈蚀的现场检测

4.1 钢筋锈蚀的现场检测技术

由于在一定程度上可以从现场检测的结果来近似分析确定混凝土结构的剩余寿命,并为以后的维护及维修提供实际的指导,因此混凝土结构的现场检测方法越来越受到广泛的重视。可供选择的检测方法很多,包括在实际结构上进行的非破损试验、针对从结构上所取样品的物理、化学以及岩相分析方法和承载力试验等。

然而,由于种种原因,并非所有适用于试验室试验的方法都能有效地应用于现场检测,如文献[4.1]所述。其中,电化学方法是最适宜检测混凝土结构中钢筋锈蚀情况的非破损检测方法。根据现场的实际应用情况,最常用的方法有半电池电位法、混凝土电阻率检测法、直流线性极化电阻法以及交流阻抗法等。

4.1.1 半电池电位法

许多年以来,钢筋电位的测量一直被用来评定混凝土中钢筋的锈蚀情况。其基本理论基础是,在阳极和阴极区之间一定存在着电位差以使电子流动并导致钢筋的锈蚀。这种方法一般是通过量测钢筋和一个放在混凝土表面的参考电极(称做半电池,如铜/硫酸铜)之间的电位差来完成的,如图 4-1 所示,参考电极的电位必须是固定及稳定的。一般现场常用的参考电极是银/氯化银电极或铜/硫酸铜电极。

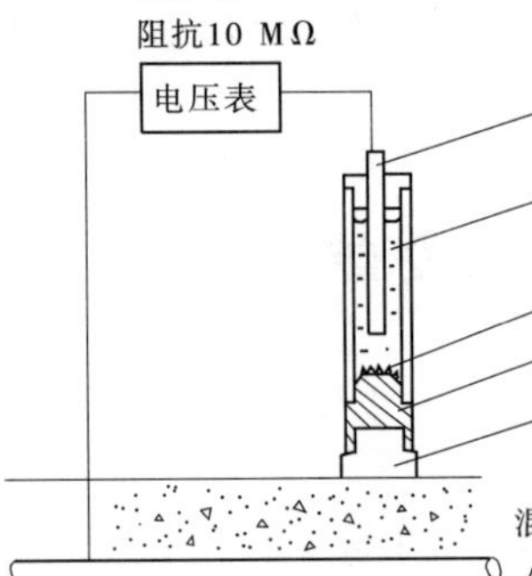

图 4-1 标准半电池电位法(铜/硫酸铜电极)

针对半电池电位法,不论从理论还是实践上,各国学者都已经做了大量的工作[4.2~4.5],并且已经开发出了相应设备,可以在现场电位检测时进行相应数据的采集。对电位检测方法的主要要求就是要与钢筋有一个良好的电接触以及一个高量度范围的电压表。另外,在实际检测中,钢筋的电位还受到以下因素的影响:

(1)钢筋的类型及其金属特性。

(2)检测环境(如pH值、盐类以及有害介质含量等)。

(3)氧气含量。

(4)杂散电流的影响(直流或交流)。

(5)环境温度及混凝土表面情况。

美国A.S.T.M C-876标准对混凝土结构中钢筋的电位量测结果与发生腐蚀的可能性的关系给出了相应的解释,如表4-1所示。需要指出的是,该标准是基于美国受化冰盐腐蚀的公路、桥板情况获得的,有其自身的局限性,在应用于不同环境下的不同结构时,应根据实际情况进行调整。

表4-1 A.S.T.M C-876标准

钢筋电位($Cu/CuSO_4$)	发生腐蚀的可能性
>−200 mV	10%
−200~−350 mV	50%
<−350 mV	90%

半电池电位法被广泛地应用以确定钢筋腐蚀的区域,其不足之处是不能提供有关钢筋腐蚀速度的定量信息。虽然有学者做了一些工作[4.2]以确定电位和腐蚀速度之间的定量关系,但结果并不能令人满意。

4.1.2 混凝土电阻率检测法

电位监控只能给出一些钢筋是否可能发生腐蚀的信息,而不能表明腐蚀的速率。因此,可以采用更进一步的技术将电位量测及混凝土电阻率的量测联系起来。如果量测到的电位表明钢筋发生了剧烈的腐蚀,就可以进一步通过混凝土电阻率的量测得到有关钢筋锈蚀速率的更多信息。

由于腐蚀是一个电化学的过程,它包括以离子形式流动于阳极与阴极反应区域之间混凝土的电流,因此混凝土的电阻率越大,则离子电流越低,腐蚀速率越低。

如图4-2所示量测混凝土电阻率的方法,称之为Wenner[4.6]方法。在混凝土表面放置4个等距探头,在最外边两个触头之间加1~20 Hz的可变电流,这样就量测到了最里边两个触头之间的电位差。如果相邻触头之间的距离为a,则混凝土电阻率ρ可通过下面的式子得出

$$\rho = 2\pi a \frac{V}{I} \qquad (4\text{-}1)$$

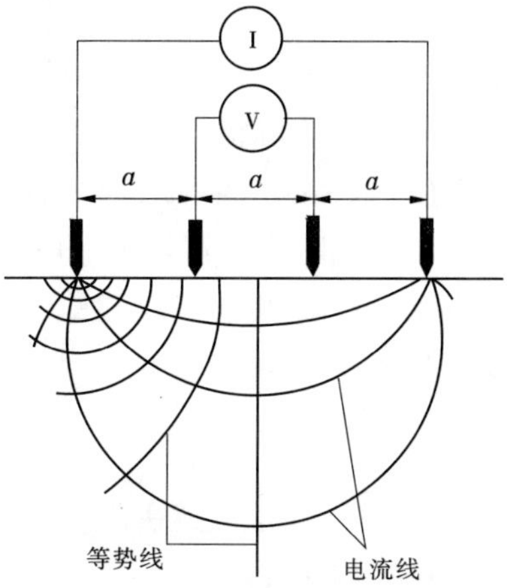

图4-2 混凝土电阻率检测(4探头)

另外,也可采用两探头的方法对混凝土的电阻

率进行检测，其工作原理基本相同。

在混凝土结构实际检测工作的基础上，钢筋的可能腐蚀速率与混凝土电阻率之间的关系可总结如表4-2所示[4.7]。

表4-2 混凝土电阻率与钢筋腐蚀速率间的关系

混凝土电阻率(kΩcm)	钢筋可能的腐蚀速率
<5	很高
5～10	高
10～20	中等/低
>20	很低

在实际检测中，保证仪器和混凝土之间良好的电接触性是很重要的。这一般可通过采用一种可导性乳剂或冻胶来保证，有时还须采用在混凝土表面钻孔的方法。

为了最大程度地降低具有不同电阻率的混凝土面层对量测精确度的影响，触头之间的距离至少需要4 cm。触头之间的间距不应超过混凝土厚度的1/4，这是由于盐分的渗入或碳化作用会产生这样的表面层。在下雨或其他情形下，当混凝土表面有水覆盖层时对其进行混凝土电阻率的量测，也会造成不精确的结果，应尽量避免。

4.1.3 直流线性极化电阻法

除了半电池电位法和混凝土电阻率法等定性检测技术，还可采用进一步的定量检测技术来确定混凝土中钢筋的锈蚀速率，即对混凝土中钢筋加一个很小的电化学扰动并量测其反应，从量测到的反应可以得到受扰动钢筋的腐蚀速率。运用扰动来量测腐蚀速率的最常用方法是线性极化电阻法。当所加电位不超过20 mV时，腐蚀电流 I_{corr} 可以通过下式得到[4.8]

$$I_{corr} = \beta_a\beta_c \times \frac{1}{2.3(\beta_a + \beta_c)} \cdot \frac{1}{R_P} = \frac{B}{R_P} \tag{4-2}$$

式中 β_a、β_c——阳极和阴极的Tafel常数；

R_P——实际极化电阻；

B——Stern-Geary常数，对混凝土中发生腐蚀的钢筋，B 一般可取25 mV，对钝化钢筋，一般可取50 mV[4.9]。

这样一来，就可以通过线性极化电阻量测得到的腐蚀电流密度来求得混凝土中钢筋的腐蚀速率，如下式所示

$$P = \frac{Mi_{corr}t}{\rho zF} \tag{4-3}$$

式中 i_{corr}——腐蚀电流密度；

t——时间；

ρ——钢筋的密度，为7.95 g/cm^3；

z——传递电子数，为2（如 $Fe \rightarrow Fe^{2+} + 2e^-$）；

M——铁的原子量，为 55.85 g/mol；

F——法拉第常数，为 96 500 C/mol = 96 500 A·s/mol。

线性极化电阻的量测可采用三种不同的方法，即 Potentiostatic 法、Galvanostatic 法和 Potentiodynamic 法，其工作原理分别如图 4-3～图 4-5 所示。

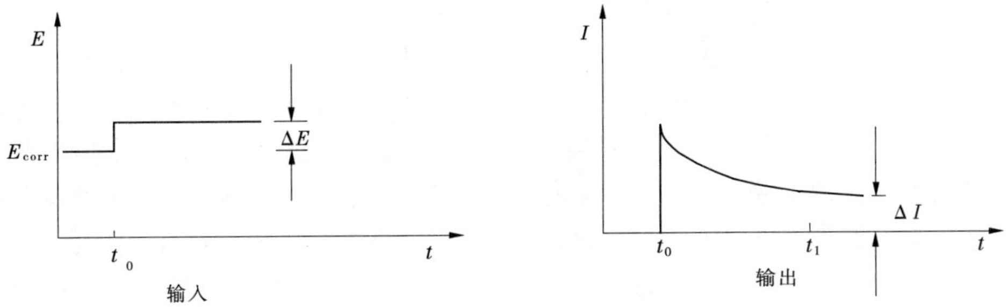

图 4-3　Potentiostatic 检测原理

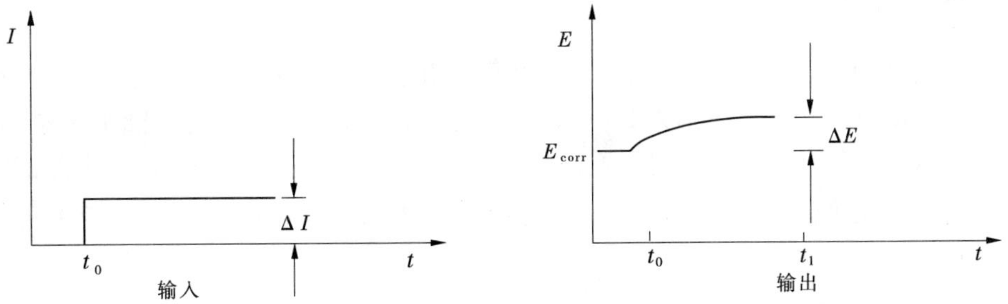

图 4-4　Galvanostatic 检测原理

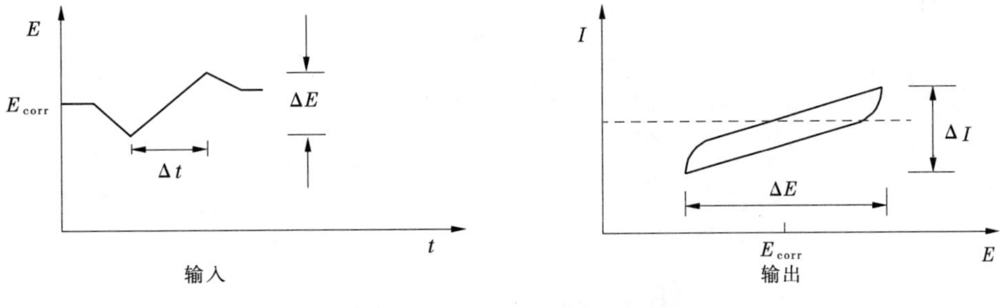

图 4-5　Potentiodynamic 检测原理

线性极化电阻检测方法的优点在于它能够直接给出钢筋在检测时的腐蚀速率，市场上已经开发出了一些便携式的 LPR 检测设备以用于现场的数据量测和腐蚀深度的计算。在采用这些商业设备进行现场量测时，仍存在着一些实际的困难，尽管各国学者在此方面已经做了大量的试验工作[4.8～4.12]，但并未很好地解决这些问题。

其中首要的问题是极化电阻的量测值并非钢筋—混凝土接触面真正的量测值。这是由混凝土形成的所谓"溶液电阻"R_S 所造成的。即实际极化电阻 R_P 应为

$$R_P = \frac{\Delta E}{\Delta I} - R_S \tag{4-4}$$

混凝土的 R_S 对极化电阻量测值的影响可以通过一个 300 Hz 交流电下的量测得到。在钢筋—混凝土接触面，有一个与接触面电阻平行的电容。这个电容被称为双层电容，是由接触面上分子的双极排列所造成的。在 300 Hz 交流电下，这个电容会通过接触面发生短路，这样就可以量测到混凝土的 R_S。把这个电阻值从量测到的线性极化电阻中减去，就可以得到钢筋—混凝土接触面电阻的一个真实值。

由于双层电容的存在，在线性极化电阻的量测过程中，电流对电位的变化并非保持为一个常数。由于这个原因，必须确定电流的量测时刻。这是造成不精确的另一个原因。

使用这种办法产生的另一种主要误差是由于受扰动钢筋面积的不确定所造成的，真正在量测时涉及到的钢筋面积需要定量化，对一些大型结构来说这是非常困难的，这是由于电流是沿着钢筋向外发散扩展的。因此，需要采用一些办法来克服这一问题。如：可采用直径 40～50 mm 的相对较大的辅助电极；在辅助电极两边加保护环，以减少通过辅助电极电流的扩张，来确定钢筋的面积；预埋控制杆等方法。

4.1.4 交流阻抗法

这种方法的基本原理是基于混凝土—钢筋简化模型，通过在不同频率上(频率范围一般为 1 kHz～10 mHz)外加振幅为 20 mV 左右的正弦波，来对钢筋的腐蚀情况进行量测。其中，在高频段的量测中，可获得混凝土的“溶液电阻”R_S；在中频段，则可获得钢筋表面的双层电容 C_{dl}；在低频段，可获得 $R_{ct}+R_S$ 值。其中，R_{ct} 为控制钢筋腐蚀速率的实际极化电阻。该方法的工作原理如图 4-6 所示。

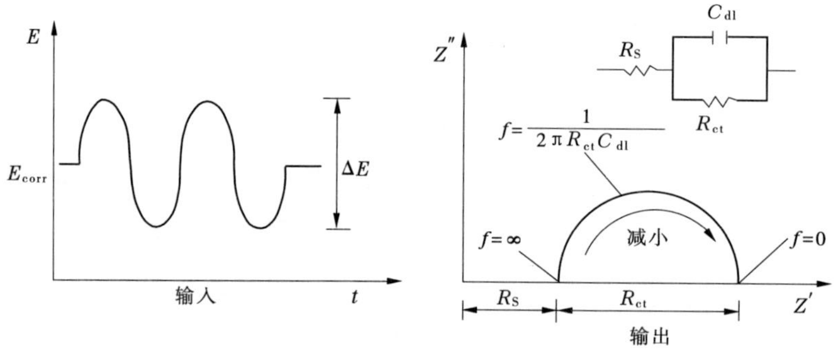

图 4-6 交流阻抗法工作原理

这种方法目前尚处于试验室阶段，主要集中于对混凝土—钢筋模型的简化及检测的稳定性与可靠性等的分析讨论中。

4.1.5 地质雷达检测法

地质雷达(Ground Penetrating Radar)检测法是一种用于探测地下介质分布的广谱电磁技术。其基本原理是根据土质、岩层、结构、地下介质的电导率及介电常数的差异，以相邻两种物质的电性差异作为测试前提条件，并通过一个天线发射高频电磁波，另一个天线接收来自地下介质界面的反射波来探明地下目的体。该检测方法已在地质情况预报及公路路面无损检测中得到了广泛应用。基于相似原理，利用超声波在不同介质表面的不同反射情况研制的地质雷达可同样应用于混凝土中钢筋的腐蚀检测，通过计算机处理后，地质雷达采集的数据能非常逼真地显现结构内部的情况。地质雷达可能会成为检测钢筋锈蚀的最快捷的方法之一，具有良好的应用前景。

同试验室条件有所不同，在实际检测中存在着很多实际的困难，如与结构中钢筋的连接、钢筋面积的不确定性、结构表面的状态以及设备的可使用性等，均无法保证能够获得较为理想的结果。

4.2　酸性环境下混凝土受弯构件的腐蚀试验

为了研究酸性环境下，受荷混凝土结构中钢筋的腐蚀程度与其材料力学性能的改变，建立混凝土结构在酸性腐蚀环境下，其结构材料的力学性能及结构整体工作性能随时间变化的函数关系模型，检验检测设备的可靠性等，我们进行了酸性环境下混凝土受弯构件的腐蚀试验研究工作。

4.2.1　试验设计

4.2.1.1　通用试验设计

(1)所有试验梁的截面为 120 mm×180 mm，长度为 1 500 mm，采用两端简支的形式。

(2)试验梁中受弯钢筋采用 2ϕ12 的光面钢筋，箍筋大小及间距为 ϕ6@100，受压及架立钢筋采用 2ϕ6 的光面钢筋，以维持钢筋笼的形状。钢筋的抗拉强度设计值 f_y = 250 N/mm^2。

(3)试验梁混凝土采用波特兰水泥及轻骨料。

(4)在每根试验梁跨中受拉钢筋部位放入一根 ϕ12 的光面钢筋预埋件，长度为 100 mm，并连接于梁外。预埋短钢筋与整个钢筋笼不连接。预埋短钢筋的目的在于进行 LPR 钢筋腐蚀速率检测时，可以已知受外加电流所影响的钢筋面积。

(5)在每根试验梁钢筋笼端部焊接一钢杆，与钢筋笼保持良好的电接触性，并连接于梁外。焊接钢杆将便于钢筋腐蚀电位的监测。

在初步试验方案设计时，主要考虑了混凝土强度等级、酸类型、酸浓度、加荷程度、加速腐蚀外加剂、保护层厚度、施工情况等 7 个影响因素，并采用正交试验设计的方法进行了方案设计。如表 4-3 所示。

表 4-3　各影响因素等级

影响参数	参数等级划分	
混凝土	C20	C30
酸	HCl	H_2SO_4
酸浓度	5%	10%
荷载	0	20 kN
加速腐蚀外加剂	0	0.4%
保护层厚度	25 mm	35 mm
施工情况	好	较好

后经试验方案的精简优化，最终考虑了其中 4 个最主要的影响因素：酸类型、酸浓度、混凝土等级和是否加载，并分别进行长期和短期试验研究。

4.2.1.2　短期试验

在短期试验中，主要考虑三个因素的影响作用，如表 4-4 所示。

表 4-4　短期试验影响因素等级

因素的等级划分	因素类型		
	酸类型	酸浓度	混凝土等级
1	HCl	0	C20
2	H_2SO_4	10%	C30

对于其他试验影响因素，遵循以下规定进行：

(1)短期试验梁的保护层厚度均为 25 mm。

(2)短期试验梁均不考虑加载。

根据正交试验设计方法，可以得到各试验梁的设计情况，如表 4-5 所示。

表 4-5　短期试验各梁情况

试验梁编号	因素类型		
	酸类型	酸浓度	混凝土等级
1	HCl	0	C20
2	HCl	10%	C30
3	H_2SO_4	0	C30
4	H_2SO_4	10%	C20

4.2.1.3　长期试验

在长期试验中，主要考虑了三个因素的影响作用，如表 4-6 所示。

表 4-6　长期试验影响因素等级

因素的等级划分	因素类型		
	荷载	酸浓度	是否涂酸
1	0	5%	是
2	20 kN	10%	否

对于其他试验影响因素，遵循以下规定进行：

(1)对长期试验各梁均使用盐酸。

(2)长期试验各梁的保护层厚度为 25 mm。

(3)长期试验各梁的混凝土等级为 C20。

(4)长期试验各梁跨中受拉钢筋上均贴应力应变片。

根据正交试验设计方法，可以得到各梁的设计情况，如表 4-7 所示。

表 4-7　长期试验各梁情况

试验梁编号	因素类型		
	荷载	酸浓度	是否涂酸
5	0	5%	是
6	20 kN	5%	否
7	0	10%	否
8	20 kN	10%	是

4.2.2　检测技术及试验过程

4.2.2.1　检测技术

在长期和短期试验中，均采用由 A.C.M. Instruments 公司生产的线性极化电阻检测设备，其设备原理如图 4-7 所示。当所加电位不超过 20 mV 时，腐蚀电流 I_{corr} 可以通过下式得到

$$I_{corr} = \beta_a \beta_c \times \frac{1}{2.3(\beta_a + \beta_c)} \cdot \frac{1}{R_P} \tag{4-5}$$

因此，就可以通过量测得到的腐蚀电流密度来求得钢筋的腐蚀速率，如式(4-3)所示。

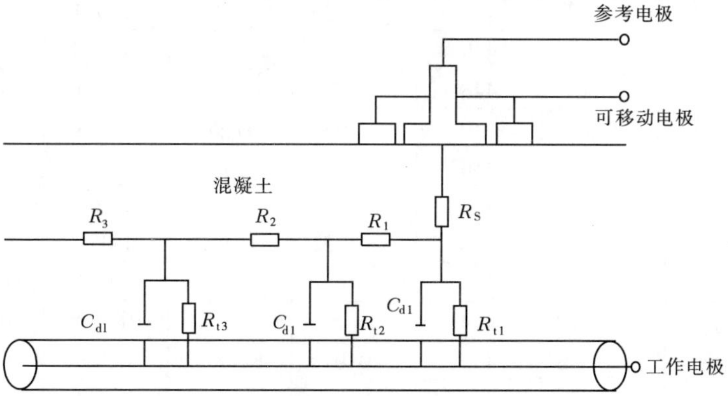

图 4-7　设备原理图

在每次检测时，可以得到钢筋电位、线性极化电阻以及混凝土的 R_S 电阻值。该检测设备的一个优点在于能够对钢筋的锈蚀情况进行连续的观测，这样，从理论上就可以获得钢筋腐蚀速率的变化趋势，有利于对钢筋的未来腐蚀变化趋势作出预测。

腐蚀电流密度与钢筋腐蚀速率之间的关系如表 4-8 所示。

表 4-8　腐蚀速率与钢筋腐蚀电流密度相关关系

腐蚀速率	钢筋腐蚀电流密度($\mu A/cm^2$)
高	10～100
中等	1～10
慢	0.1～1
钝化	<0.1

4.2.2.2　A.C.M. 检测设备的精度检验

为保证检测设备的准确性，基于图 4-7 的原理模型对 A.C.M. 检测设备的精度进行了检验，检测结果如表 4-9 所示。

表 4-9　A.C.M. 检测设备的精度检验

C_{dl} (μF)	R_t(Ω)	R_S(Ω)			LPR($=R_t+R_S$)(Ω)			备注
		实际值	检测值	误差率	实际值	检测值	误差率	
1.00	2 170	469	557	0.188	2 639	2 642	0.001	非连续检测
	5 610		513	0.094	6 079	6 099	0.003	
114	470	470	449	−0.045	940	976	0.038	
	4 670		446	−0.051	5 140	5 074	−0.013	
	47 200		443	−0.057	47 670	44 168	−0.073	
	1 310		445	−0.053	1 780	1 796	0.008	
	26 900		448	−0.050	27 370	27 674	0.011	
36	1 505	466	442	−0.039	1 971	1 998	0.006	连续检测，时间间隔 5 min
			450			1 979		
			452			1 970		
	16 040		451	−0.036	16 506	16 182	−0.014	
			448			15 961		
			449			16 619		
	147 500		448	−0.046	147 966	131 962	0.041	
			450			150 866		
			436			142 789		
	558		442	−0.051	1 024	1 066	0.007	
			440			1 071		
			445			1 062		
	82 000		444	−0.049	82 466	104 835	0.271	
			443			97 305	0.180	
			442			79 146	−0.040	
平均误差率				±0.016	平均误差率		±0.030	

4.2.2.3　短期试验过程

短期试验的持续时间为 10 周，梁 1 至梁 4 在浇筑后第 8 天分别在各梁跨中进行劈裂加载，使在梁跨中形成一条竖向裂缝以加速钢筋锈蚀的过程。在整个试验过程中，在试验梁表面进行酸液周期性的刷涂，刷涂后用塑料布进行覆盖以阻止酸液的挥发，并在混凝土表面干燥后进行检测。

梁 4 在试验开始的第三周左右，混凝土表面开始有松软的现象，并伴随有灰白色的分泌物。这是由于硫酸与混凝土内部氢氧化钙反应所产生的硫酸钙渗出的结果。梁 2 混凝土表面颜色发生改变，呈微灰黑色，有较浅的细小孔洞，这是盐酸中氢离子与混凝土中碱性成分中和的结果。

在短期试验的最后一周，对梁 1 及梁 3 分别进行了破坏试验，并分别从梁 2 及梁 4 中取出两根钢筋试件进行拉伸试验。其检测、试验结果如表 4-10、表 4-11 所示。

表 4-10　用于拉伸试验的钢筋试件基本情况

项目	试件 1	试件 2	试件 3	试件 4
长度 (mm)	302	302	304	311
质量(g)	269.6	267.5	271.8	278.5
截面积(mm^2)	113.7	112.8	113.9	114.1
单位长质量(kg/m)	0.893	0.886	0.894	0.895
是否腐蚀	否	表面部分	否	表面部分

表 4-11　钢筋试件拉伸试验结果

项目	试件 1	试件 2	试件 3	试件 4
最大荷载(kN)	52.53	52.40	52.92	50.77
抗拉强度(N/mm^2)	462	465	465	445
验证强度 0.1(N/mm^2)	391	374	394	371
验证强度 0.2 (N/mm^2)	390	385	395	372
验证强度 0.5(N/mm^2)	391	392	396	373
杨氏模量(kN/mm^2)	202	187	205	190

梁 2 和梁 4 在整个短期试验过程中其主受力钢筋腐蚀电流密度的变化情况如图 4-8、图 4-9 所示。

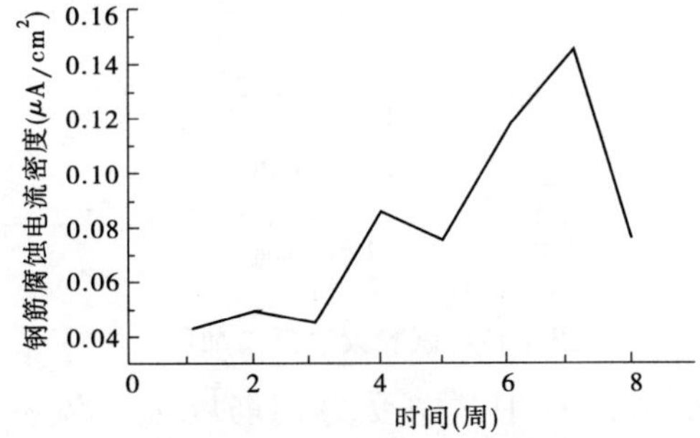

图 4-8　梁 2 钢筋腐蚀电流密度的变化

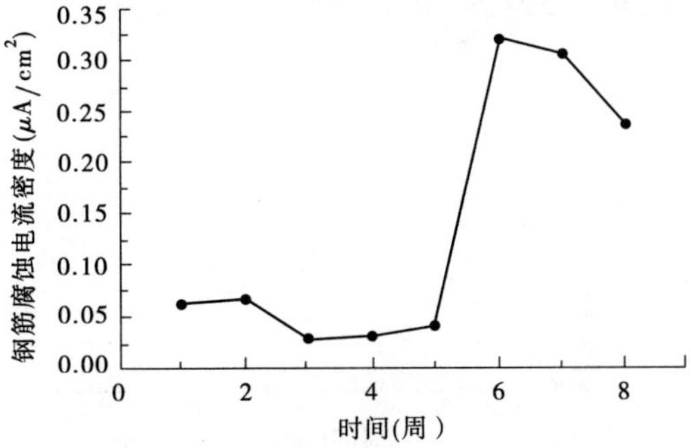

图 4-9　梁 4 钢筋腐蚀电流密度的变化

而两根试验梁主受力钢筋平均锈蚀电流密度变化情况的比较，如图 4-10 所示。

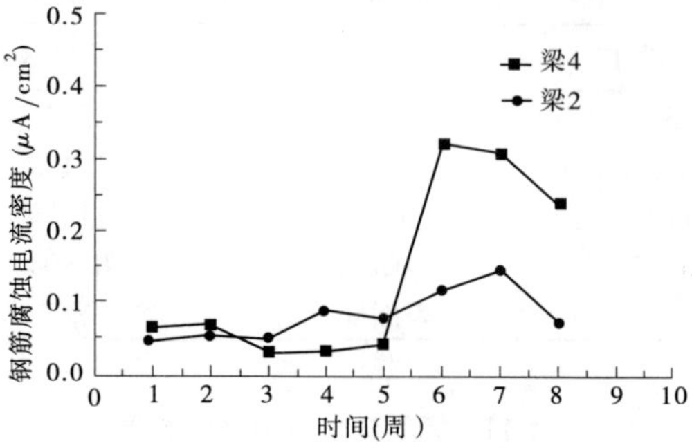

图 4-10　梁 2 和梁 4 钢筋腐蚀电流密度的变化对比

4.2.2.4　长期试验过程

长期试验的持续时间为 25 周，梁 5 至梁 8 在浇筑后第 8 天分别在各梁跨中进行劈裂加载，使在梁跨中形成一条竖向裂缝以加速钢筋锈蚀的过程。在整个试验过程中，在试验梁表面进行酸液周期性的刷涂，刷涂后用塑料布进行覆盖以阻止酸液的挥发，并在混凝土表面干燥后进行钢筋腐蚀速率检测，并同时记录各梁受拉钢筋的应变。梁 5 和梁 8 的加载采用反向加载的方式，如图 4-11 所示。

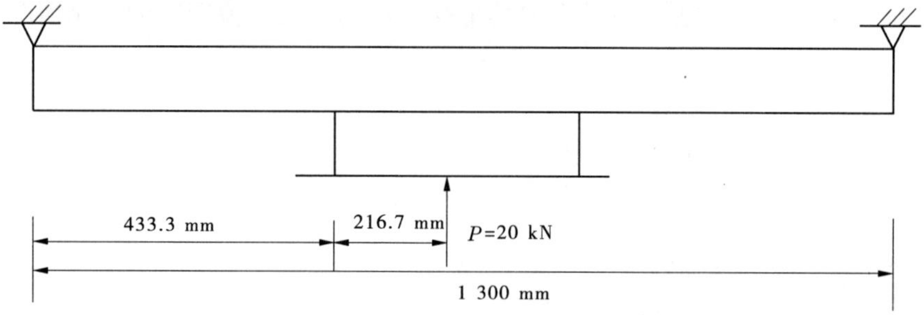

图 4-11　试验梁的反向加载

梁 5 至梁 8 在整个试验过程中其主受力钢筋腐蚀电流密度的变化情况分别如图 4-12～图 4-15 所示。各梁受力钢筋的腐蚀程度情况如表 4-12 所示。各梁受力钢筋腐蚀电流密度随时间变化情况的比较如图 4-16 所示。

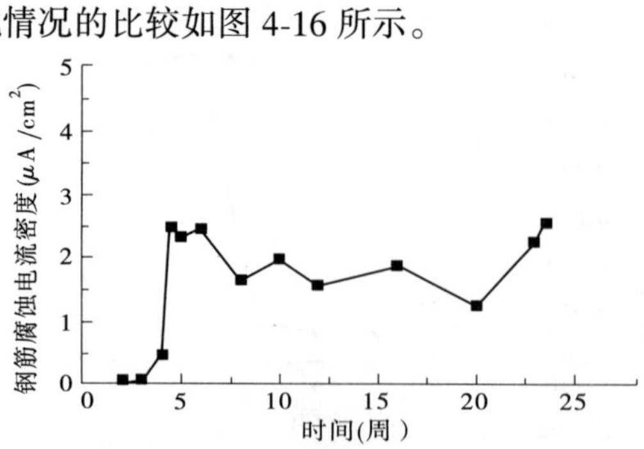

图 4-12　梁 5 钢筋腐蚀电流密度的变化

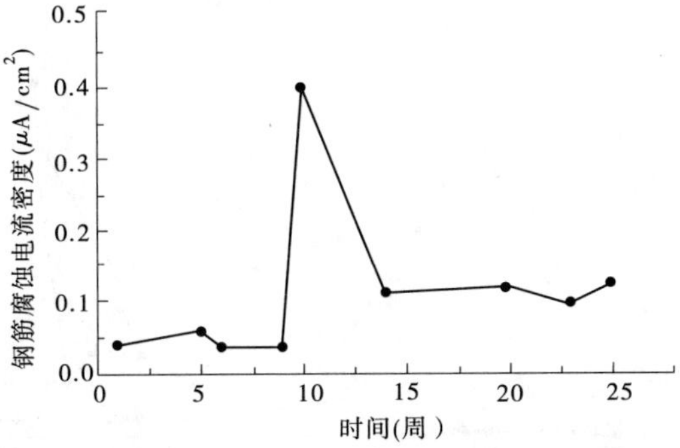

图 4-13　梁 6 钢筋腐蚀电流密度的变化

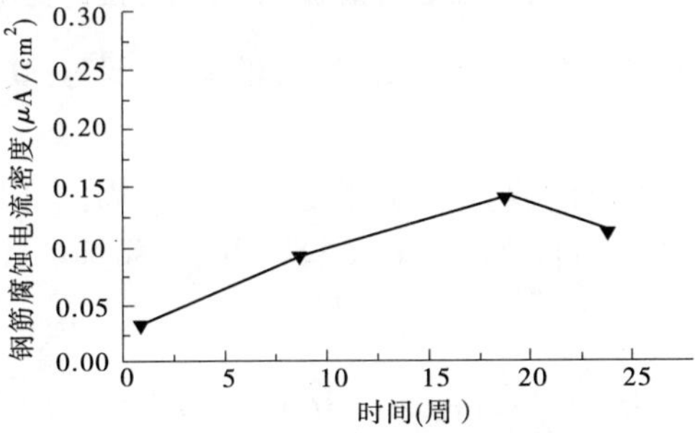

图 4-14　梁 7 钢筋腐蚀电流密度的变化

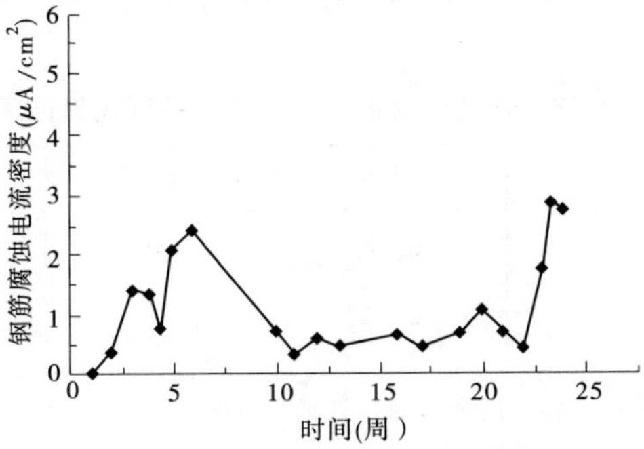

图 4-15　梁 8 钢筋腐蚀电流密度的变化

表 4-12　长期试验各梁受力钢筋的腐蚀情况

梁号	梁 5	梁 6	梁 7	梁 8
盐酸浓度	5%	0	0	10%
荷载(kN)	0	20	0	20
裂缝宽度(mm)	0	最大 0.5	0	最大 0.5
$i_{corr,max}$(μA/cm²)	4.089	0.449	0.299	5.045
$i_{corr,mean}$(μA/cm²)	2.498	0.119	0.112	2.614
腐蚀速度情况	中等速度	低速或钝化	低速或钝化	中等速度

注：$i_{corr,max}$为整个试验过程中的最大腐蚀电流密度检测值；$i_{corr,mean}$为试验最后一周的腐蚀电流密度平均值。

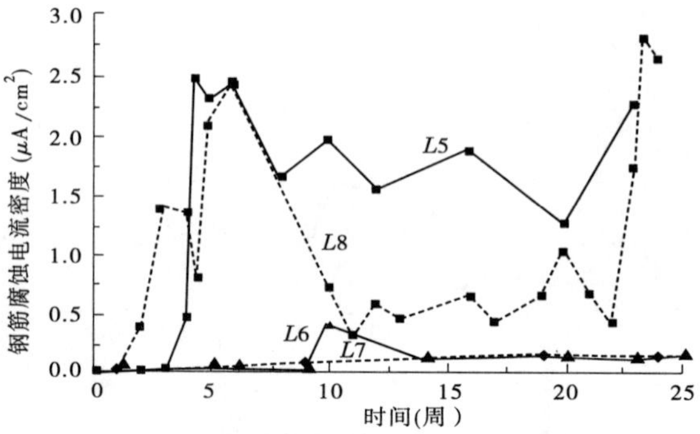

图 4-16 长期试验各梁钢筋腐蚀电流密度的变化

通过表 4-12 及图 4-16 的比较可以看出,涂酸的梁 5、梁 8,其平均腐蚀电流密度高于不涂酸的梁 6 和梁 7。

在钢筋的腐蚀过程中,钢筋的腐蚀电流密度是受各种周围环境的影响,随时间的变化而发生变化的。如果将一周(1 周 = 60 × 60 × 24 × 7(s))作为一个时间单位,则可从理论上求得钢筋的腐蚀深度

$$P = \int \frac{Mi_{\text{corr}}(t)}{\rho zF}\mathrm{d}t = \frac{M}{\rho zF}\int i_{\text{corr}}(t)\mathrm{d}t = 2.2015 \times 10^{-5}\int_0^N i_{\text{corr}}(t)\mathrm{d}t \tag{4-6}$$

式中 N——试验所持续的周数。

因此,根据式(4-6)及图 4-12～图 4-15,可得到各梁主受力钢筋的理论腐蚀深度,如表 4-13 所示。

表 4-13 长期试验各梁受力钢筋的理论腐蚀深度

梁号	梁 5	梁 6	梁 7	梁 8
最大腐蚀深度(μm)	9.50	0.680	0.933	12.3
平均腐蚀深度(μm)	7.76	0.618	0.508	4.98

注:最大腐蚀深度是采用每周所量测到的钢筋腐蚀电流最大值进行计算得到的,平均腐蚀深度是采用每周所量测到的钢筋腐蚀电流平均值进行计算得到的。

在长期试验的最后阶段,对梁 5 至梁 8 分别进行破坏试验并取出受力钢筋对其腐蚀深度进行量测,量测结果如表 4-14 所示。

表 4-14 长期试验各梁受力钢筋的实际腐蚀深度

梁号	梁 5	梁 6	梁 7	梁 8
腐蚀钢筋试件/钢筋试件数	2/3	0/3	0/3	3/3
腐蚀长度(mm)	55/30/0	0/0/0	0/0/0	60/2/10
腐蚀深度(μm)	微米级	0	0	微米级

通过表 4-13 和表 4-14 的比较,可以看出通过检测所得到的结果数据对钢筋锈蚀情况的预测与最终取出钢筋试件的腐蚀情况非常吻合。

4.2.2.5 小结

通过本次试验,得到了以下几个主要结论:

(1)研究分析了混凝土结构中,钢筋与结构混凝土的基本腐蚀机理及各种腐蚀性介质对结构混凝土与钢筋的侵蚀作用及不同类型、不同浓度的酸性溶液对结构混凝土、结构中钢筋的不同的腐蚀影响作用。

(2)研究验证了所使用检测设备的可靠性。通过检测所得到的结果数据对钢筋锈蚀情况的预测与最终取出钢筋试件的腐蚀情况非常吻合。

(3)研究了混凝土结构的腐蚀。首先是钢筋混凝土结构的腐蚀存在一个初始化的阶段,即结构混凝土保护层的中性化以及有害介质离子(如氯离子)通过混凝土表面到达钢筋表面并累积到极限浓度的阶段。另外,发现在排除了设备的不稳定性以及人为等干扰因素的前提下,可以认为钢筋的腐蚀电流密度随时间呈正增长趋势,从一定程度上可以说 Tutti 腐蚀损伤模型是较为合理的。

(4)与试验室环境有所不同,在实际腐蚀环境中,混凝土结构中钢筋腐蚀电流密度的变化受外界环境(如温度、相对湿度等)的影响较大,其变化并非随使用时间一直呈正增长,而是一个随结构状况、温度、相对湿度以及有害介质含量等因素的改变而发生变化的随机过程。

(5)理论上可以通过对一个结构进行连续的长期观测,得到受观测结构服役一段时间后结构钢筋的腐蚀深度,并据此对结构的安全性及耐久性作出评估。然而,在实际工作中,由于仪器设备、人员、资金等因素的限制,连续的观测很难进行,唯一可行的是周期性的长期间断性观测,并在考虑腐蚀环境中各主要影响因素随机模糊性的基础上,从理论上对钢筋腐蚀情况随时间的变化过程进行模拟,以达到评判结构安全性的目的。

4.3 工程检测实例

4.3.1 郑州某化肥厂的检测

在 1995 年 8 月,对郑州某化肥厂一因腐蚀损伤而废弃的混凝土结构进行现场检测。

该废弃结构在 1969~1988 年使用,并于 1989 年废弃。在废弃前,该结构主要用于基于“侯式制碱法”的氯化氨和碳酸钠的生产,其反应方程如下式所示

$$NaCl + NH_3 + CO_2 + H_2O \Leftrightarrow NaHCO_3 + NH_4Cl \tag{4-7}$$

$$2NaHCO_3 \longrightarrow Na_2CO_3 + H_2O\uparrow + CO_2\uparrow \tag{4-8}$$

所检测的结构为其中的一个三层双向立体框架,用于放置生产工艺中氯化氨的冷却及结晶容器。

4.3.1.1 外观检查及取样

整个结构处于严重的腐蚀破坏状态,混凝土柱外观呈棕色,混凝土沿纵向钢筋方向有较深的裂缝。通过查阅图纸,混凝土柱纵向钢筋设计直径为 20 mm,混凝土保护层厚度为

20 mm 左右(包括 5～9 mm 的水泥砂浆层)。在大部分区域,水泥砂浆层已经完全剥落,在一些部位,混凝土保护层也有剥落情况,并露出纵向钢筋,钢筋表面均有较厚的铁锈。

在混凝土柱表面每间隔 1 cm,用冲击钻(直径 13 mm)对混凝土进行钻孔取样;另外,对钢筋铁锈及混凝土骨料进行取样。

4.3.1.2 电化学检测

主要采用钢筋电位法(将饱和铜/硫酸铜电极作为参考电极在混凝土表面沿网格点移动量测,检测设备另一端与钢筋连接,并保持良好的电接触)及混凝土电阻率法(两探头,探头间距 5 cm)对结构进行检测。

对某根钢筋混凝土柱的两侧面分别进行钢筋电位检测。在检测中,相对于标准饱和铜/硫酸铜参考电极,量测结果显示钢筋的电位处于 - 450 ~ - 550 mV 的范围内(如表 4-15、表 4-16 所示),表明结构中的钢筋处于快速的腐蚀状态。

表 4-15 钢筋电位检测结果

钢筋电位图表 A
(单位:mV 相对于标准饱和铜/硫酸铜参考电极) 5×7 网格 10 cm×10 cm

-452	-459	-458	-481	-481
-460	-471	-472	-492	-491
-473	-482	-482	-499	-498
-484	-493	- -500	-507	-508
-494	-510	-519	-518	-518
-509	-523	-528	-530	-529
-533	-541	-543	-541	-545

表 4-16 钢筋电位检测结果

钢筋电位图表 B
(单位:mV 相对于标准饱和铜/硫酸铜参考电极) 7×7 网格 10 cm×10 cm

-457	-456	-465	-459	-458	-461	-472
-470	-471	-475	-469	-469	-471	-470
-484	-482	-486	-482	-480	-479	-481
-494	-492	-490	-489	-486	-483	-484
-504	-501	-499	-496	-491	-490	-491
-521	-515	-509	-506	-501	-497	-503
-531	-528	-525	-521	-514	-510	-515

在混凝土电阻率的检测中，量测结果显示混凝土的电阻率处于 0.1～1.0 kΩcm 的范围内，也表明结构中钢筋处于严重的腐蚀状态。

在对废弃结构进行检测时，周围环境温度为 30 ℃左右，相对湿度为 80%左右，空气中有较强烈的氨气的味道。

4.3.1.3　混凝土样品的化学分析

在现场采用酚酞试剂对部分所取混凝土样品进行检测，检测结果表明，混凝土柱从表面到 6 cm 左右的深度呈酸性，即混凝土的中性化深度大于 6 cm。

另外，在试验室通过将混凝土、骨料及铁锈样品溶于 1 N 硝酸溶液，并采用无水碳酸钠进行中和滴定的方法，测量样品中氯离子及硫酸根离子的含量。检测结果如表 4-17～表 4-19 所示。

表 4-17　不同深度的氯离子含量

混凝土深度(cm)	氯离子含量（混凝土质量的百分比）	氯离子含量（水泥质量的百分比）
表面水泥砂浆层(5～9 mm)	0.77	5.5
0～1	0.80	5.6
1～2	0.61	4.3
2～3	1.02	7.2
3～4	1.06	7.5
4～5	1.91	13.6
5～6	1.80	12.8
6～8	1.60	11.3
6～10.5	1.48	10.5

从检测结果可以看出，在各个深度，硫酸根及氯离子含量均非常高。氯离子的出现是反应过程中氯化钠或氯化氨有泄漏并侵入混凝土造成的。在混凝土表面氯离子浓度较低则是由于结构废弃后雨水冲刷造成的。

高浓度硫酸根离子的出现应与混凝土在拌制时的成分有关。在将混凝土样品溶于硝酸时，有硫化氢产生，经分析判明在拌制混凝土时所采用的骨料中含有硫化物，并在结构的使用过程中逐渐氧化为硫酸根离子。

铁锈样品分析的结果为氯离子含量与硫酸根离子含量的比率为 2∶1，在骨料中分析的结果为 1∶4。因此，可以认为对于该结构氯离子(其含量大大超过水泥质量的 0.4%)是造成钢筋锈蚀的主要原因。当然，高浓度硫酸根离子的出现以及混凝土的酸性化也大大加速了钢筋的锈蚀。

表 4-18　不同深度的硫酸根离子含量

混凝土深度(cm)	硫酸根离子含量 (混凝土质量的百分比)	是否碳化
表面水泥砂浆层(5～9 mm)	1.8～2.4	是
0～1	1.8～2.4	是
1～2	1.6～2.4	是
2～3	1.6～2.4	是
3～4	约 2.4	是
4～5	1.6～2.4	是
5～6	约 1.8	是
6～8	2.0～2.4	否
6～10.5	1.5～1.9	否

表 4-19　铁锈及骨料样品中氯离子和硫酸根离子的含量

项目	氯离子的百分比含量 (质量比)	硫酸根离子的百分比含量 (质量比)
骨　料	1.884	6～8
铁　锈	1.818	0.55～1.1

由于氯离子及硫酸根离子的浓度在超出混凝土酸性化深度的部位含量仍然很高，因此混凝土的酸性化主要是由于反应容器附近高浓度的二氧化碳所造成的，而氯离子或硫酸根离子的作用则相对较小。

4.3.1.4　新建结构情况

旧有结构废弃后，该工厂在以东约 100 m 的位置建造了新结构。结构形式及工艺作用与旧结构相同,但并未见到其设计图纸,新建结构于 1989 年投入使用。

在部分新结构混凝土柱表面,沿纵向钢筋位置有较严重的棕色污迹,表明结构在使用 7 年后,钢筋的锈蚀已经成为很严重的问题。

生产反应容器(放置于钢筋混凝土支撑柱上部)有明显的液体泄漏现象,造成混凝土表面非常潮湿。另外,大部分应用于混凝土表面的纤维质保护层已经发生严重剥落。

4.3.2 郑州某化工厂的检测

在 1996 年 11 月,对郑州某化工厂一正在使用的结构进行检测。所检测的结构主要用于支撑生产氯化氢的反应容器,该化工反应是通过直接混合氢气和氯气完成的。

4.3.2.1 外观检查及周围环境情况

该支撑结构于 1986 年投入使用,4 根支撑柱均有裂缝情况出现,其中一根钢筋混凝土柱已出现严重的顺筋裂缝,该区域的氯化氢气味较强烈。在反应容器附近温度较高,而 4 根支撑柱周围的温度各有不同,其中一根支撑柱附近的温度高达 54 ℃,而裂缝较严重的支撑柱附近的温度为 13 ℃,各柱位置及截面参数示意如图 4-17 所示。

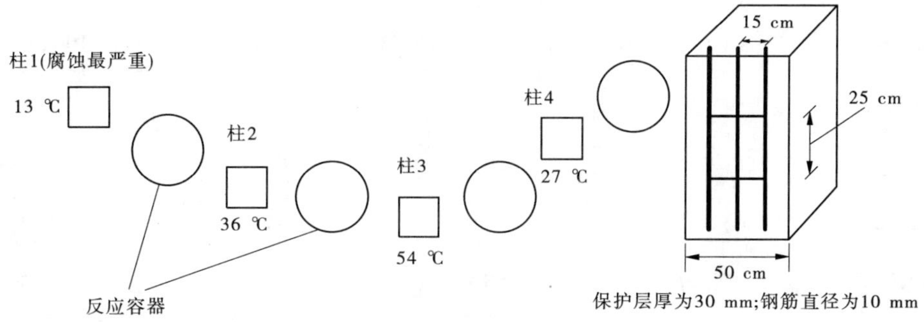

图 4-17　各柱位置及截面参数

4.3.2.2 电化学检测

对腐蚀较严重的柱(柱 1)分别采用三种半电池电位法进行检测。

(1)采用一个标准饱和铜/硫酸铜半电池,设备另一端与钢筋连接,并保持良好的电接触性。

(2)采用改进方法:两个标准饱和铜/硫酸铜半电池,一个固定于混凝土表面的某点,另一个在混凝土表面按一定网格移动。

(3)采用改进方法:两个标准饱和铜/硫酸铜半电池,两个都在混凝土表面按一定的网格规则移动,以保证第一个电极所处的量测点位置是第二个电极在上一次检测时所处的位置,并保持两电极的间距为一常数。

对其他三根柱采用方法(2)进行电位量测。另外,对每根柱均进行混凝土电阻(采用两根标准饱和铜/硫酸铜电极)的检测。检测结果如表 4-20～表 4-28 所示(其中,柱 3 混凝土的电阻过大,绝大部分测点的电阻值大于 2 MΩ,因此未列出)。

表 4-20　钢筋电位检测结果

柱 1 电位图表

（单位:mV　两个铜/硫酸铜电极电位差,一个固定）　5×6 网格　10 cm×10 cm

0.0	−17.2	5.7	21.2	−9.9
−5.5	−34.9	−1.3	46.7	−23.1
4.2	−21.8	9.7	32.1	5.6
−4.0	−6.8	22.5	7.4	34.5
−27.4	−31.3	13.3	19.0	42.1
−21.3	−12.7	21.7	27.5	46.2

表 4-21　钢筋电位检测结果

柱 1 电位图表

（单位:mV　两个铜/硫酸铜电极电位差,两个都可移动）　5×6 网格　10 cm×10 cm

0.0	−17.1	10.1	29.2	9.8
−25.2	9.4	26.1	69.1	2.5
−13.8	−30.6	5.9	41.1	16.2
40.2	31.0	55.0	36.5	49.5
29.2	33.0	78.7	99.3	107.8
88.1	85.9	114.0	108.1	120.3

表 4-22　钢筋电位检测结果

柱 1 钢筋电位图表

（单位:mV　相对于标准饱和铜/硫酸铜参考电极）　5×6 网格　10 cm×10 cm

−393	−414	−381	−370	−402
−413	−435	−395	−299	−435
−407	−430	−396	−294	−397
−406	−407	−376	−353	−360
−420	−426	−385	−364	−360
−432	−429	−386	−373	−358

表 4-23　混凝土电阻检测结果

柱 1 混凝土电阻图表

（单位:kΩ　两个铜/硫酸铜电极）　4×6 网格　量测间距 10 cm

3.5	39.0	35.2	24.5
9.0	32.1	83.4	19.5
10.8	32.8	91.5	46.8
16.6	44.1	26.8	37.0
13.3	41.2	32.9	37.0
47.0	36.7	35.6	36.8

表 4-24　钢筋电位检测结果

柱 2 电位图表

（单位:mV　两个铜/硫酸铜电极电位差,一个固定）　5×6 网格　10 cm×10 cm

0.0	9.5	1.2	−0.9	−2.8
22.5	13.4	2.9	5.3	9.7
23.9	13.9	2.5	6.0	8.2
23.5	13.5	6.2	6.2	8.7
21.2	13.1	4.7	4.2	4.0
13.1	12.2	4.0	0.0	−4.9

表 4-25　混凝土电阻检测结果

柱 2 混凝土电阻图表

（单位:kΩ　两个铜/硫酸铜电极）　4×6 网格　量测间距 10 cm

537	800	482	252
407	611	363	247
432	563	374	255
670	732	399	235
847	760	432	223
1 051	726	491	198

表 4-26 钢筋电位检测结果

柱 3 电位图表

（单位:mV 两个铜/硫酸铜电极电位差,一个固定） 5×6 网格 10 cm×10 cm

0.0	3.7	-0.7	1.6	2.0
20.6	40.5	6.9	6.5	8.9
18.5	42.9	27.8	26.9	14.5
16.5	13.5	24.5	14.4	11.8
9.9	9.1	2.9	3.7	7.9
42.5	-193.2	-60.8	-17.8	9.5

表 4-27 钢筋电位检测结果

柱 4 电位图表

（单位:mV 两个铜/硫酸铜电极电位差,一个固定） 5×6 网格 10 cm×10 cm

0.0	-4.5	34.0	57.9	63.6
9.0	-27.2	3.9	72.5	53.8
-23.5	-30.9	-9.9	-2.4	38.3
-40.5	-40.9	-33.2	-27.9	40.9
-69.6	-51.8	-41.9	-28.8	29.5
-60.7	-58.0	-36.7	-19.9	19.5

表 4-28 混凝土电阻检测结果

柱 4 混凝土电阻图表

（单位:kΩ 两个铜/硫酸铜电极） 4×5 网格 量测间距 10 cm

128	596	778	1 625
143	387	1 149	1 445
35	776	1 093	>2 000
78	203	449	>2 000
229	387	601	>2 000

4.3.3　四平某联合化工厂的检测

在 1996 年 11 月,对四平某联合化工厂的一新一旧两个相同形式框架结构的钢筋混凝土柱进行检测。

4.3.3.1　结构及环境情况

新旧结构均用于盐酸的生产,旧结构从 1979 年开始使用,并在 1994 年由于结构安全性的原因被废弃而开始使用新结构。新结构虽然从 1994 年才开始使用,但钢筋混凝土柱的一些部位已经出现了严重的裂缝。

在量测时,周围环境温度较低,为 - 11 ℃左右。

4.3.3.2　电化学检测

采用三种半电池电位法对新结构某根外观情况较差的钢筋混凝土柱(柱 1)进行检测,并采用第二种半电池电位法(两个半电池,一个固定,一个移动)分别对新结构中某根外观情况较好的钢筋混凝土柱(柱 2)和旧结构中某根外观情况较差的钢筋混凝土柱(柱 3)进行检测。被检测钢筋混凝土柱的截面参数如图 4-18 所示。量测结果如表 4-29～表 4-33 所示。

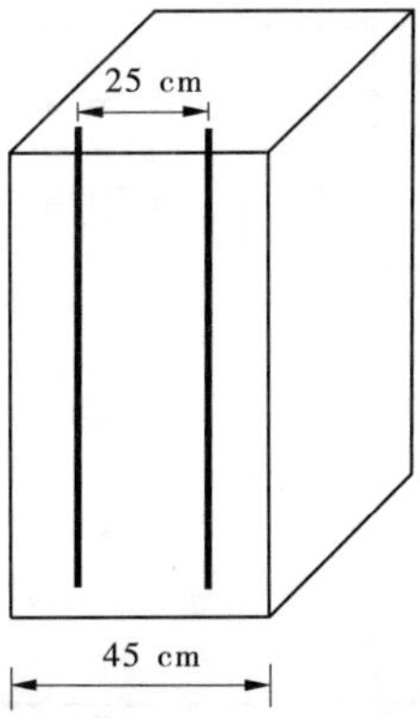

混凝土保护层厚为24 mm
钢筋直径为15 mm

图 4-18　检测柱的截面参数

表 4-29　钢筋电位检测结果

柱 1 电位图表

(单位:mV　两个铜/硫酸铜电极电位差,一个固定)　4×6 网格　10 cm×10 cm

0.0	-6.8	3.2	19.7
-5.8	-10.9	-3.8	-19.4
-3.6	-5.6	-2.8	-22.4
4.3	5.4	8.7	26.5
7.3	3.5	4.6	29.9
7.8	8.3	19.9	33.4

表 4-30 钢筋电位检测结果

柱 1 电位图表

（单位:mV 两个铜/硫酸铜电极电位差,两个都可移动） 4×6 网格 10 cm×10 cm

0.0	-10.3	-4.4	7.5
-32.9	-30.5	-19.9	4.6
-35.1	-45.5	-39.4	-22.5
-59.6	-53.6	-42.2	-21.6
-65.6	-74.0	-76.0	-54.4
-97.3	-93.0	-79.8	-54.4

表 4-31 钢筋电位检测结果

柱 1 钢筋电位图表 A

（单位:mV 相对于标准饱和铜/硫酸铜参考电极） 4×6 网格 10 cm×10 cm

-120	-123	-127	-132
-226	-227	-198	-152
-228	-213	-210	-213
-189	-186	-182	-186
-181	-184	-183	-165
-170	-173	-174	-162

表 4-32 钢筋电位检测结果

柱 2 电位图表

（单位:mV 两个铜/硫酸铜电极电位差,一个固定） 4×6 网格 10 cm×10 cm

0.0	-4.2	-8.2	-9.8
-12.4	-3.8	-12.6	-7.8
8.0	2.0	-8.1	-7.9
5.0	4.0	-9.6	-8.8
9.2	4.6	-6.0	-15.1
6.2	1.9	-13.0	-14.0

表 4-33　钢筋电位检测结果

柱 3 电位图表

（单位:mV　两个铜/硫酸铜电极电位差,一个固定）　4×6 网格　10 cm×10 cm

0.0	-6.0	-28.4	-68.4
-38.4	-45.7	-13.8	-74.6
-46.5	-53.7	-54.4	-69.6
-40.9	-43.7	-47.8	-52.2
-32.3	-33.9	-39.3	-44.3
-26.7	-27.6	-33.2	-35.6

用两个半电池量测这三根钢筋混凝土柱的电阻,电极间距为 10 cm。量测结果为:

(1)新结构外观情况较差的钢筋混凝土柱(柱 1),其混凝土电阻为 29.4 kΩ。

(2)新结构外观情况较好的钢筋混凝土柱(柱 2),其混凝土电阻为 260 kΩ。

(3)旧结构外观情况较差的钢筋混凝土柱(柱 3),其混凝土电阻为 25.6 kΩ。

4.3.4　英国某金属涂料化工厂的检测

在 1996 年 12 月中旬,对位于英国北威尔士地区的 Wirral Fospray 金属涂料化工厂进行检测。

在这次检测中,主要采用了半电池电位法、混凝土电阻率(电阻)法、线性极化电阻法以及交流阻抗法对钢筋混凝土构件进行了检测,采用后两种检测方法的优势在于能够直接给出钢筋的腐蚀速率。

4.3.4.1　所检测结构基本情况

主要对储物仓库大门的 120 cm×120 cm×80 cm 钢筋混凝土支撑墙中的钢筋进行了检测。根据钢筋混凝土墙中钢筋的实际分布情况,分别从外墙、内墙及侧墙采用各种方法进行了检测。该钢筋混凝土支撑墙的平面示意如图 4-19 所示。其中,外墙直接暴露于外部环境中,雨水冲刷情况较严重。

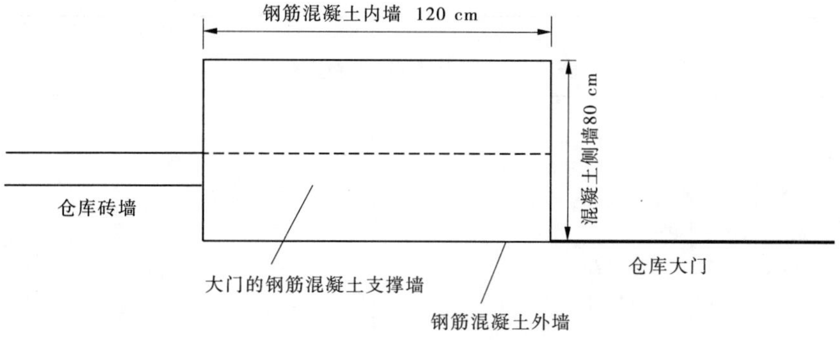

图 4-19　混凝土支撑墙平面示意图

该储物仓库 1973～1986 年为生产化工金属表面处理产品的厂房，后从 1986 年开始由于生产规模扩大等原因改为仓库使用。

4.3.4.2　电化学检测

1）钢筋混凝土外墙的检测

分别采用半电池电位法、混凝土电阻率（电阻）法、线性极化电阻法以及交流阻抗法对钢筋混凝土外墙进行检测，其中钢筋的位置如图 4-20 所示。半电池电位法及混凝土电阻率（电阻）法的检测结果如表 4-34～表 4-38 所示。

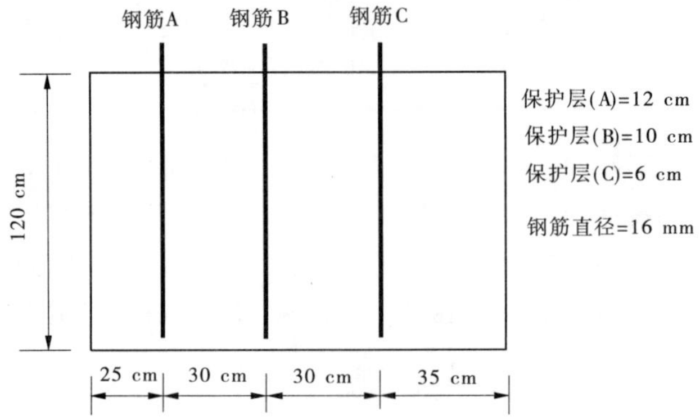

图 4-20　外墙钢筋位置

表 4-34　钢筋电位检测结果

外墙电位图表

（单位：mV　两个铜/硫酸铜电极电位差，一个固定）　7×5 网格　10 cm×10 cm

0	−75	−14	−35	−72	−58	−58
−80	−178	−115	−119	−147	−88	−106
−210	−197	−124	−131	−142	−138	−130
−215	−236	−213	−165	−182	−146	−102
−182	−176	−201	−140	−172	−140	−128

表 4-35　钢筋电位检测结果

外墙电位图表

（单位：mV　两个铜/硫酸铜电极电位差，两个都可移动）　7×5 网格　10 cm×10 cm

0	−76	−21	−57	−82	−72	−54
−79	−165	−126	−117	−143	−73	−97
−176	−148	−84	−118	−126	−131	−127
−160	−176	−172	−149	−167	−155	−108
−115	−125	−183	−143	−203	−164	−138

表 4-36　钢筋电位检测结果

外墙钢筋电位图表

（单位：mV　相对于标准饱和铜/硫酸铜参考电极）　7×5 网格　10 cm×10 cm

-150	-195	-138	-141	-186	-156	-200
-247	-287	-220	-224	-263	-218	-219
-360	-300	-230	-240	-200	-236	-250
-324	-346	-300	-267	-291	-250	-214
-300	-278	-301	-240	-235	-249	-242

表 4-37　混凝土电阻检测结果

外墙混凝土电阻图表

（单位：kΩ　两个铜/硫酸铜电极）　6×5 网格　量测间距 10 cm

132	74	200	193	184	148
150	56	110	156	67	178
31	34	120	126	115	167
82	84	85	105	75	68
92	493	90	130	48	95

表 4-38　混凝土电阻率检测结果

外墙混凝土电阻率检测

单位：kΩcm　（Wenner 法，4 探头，探头间距 5 cm）

9.0	11.2	11.6	11.4	11.4	9.6
10.5	10.6	9.3	7.2	8.8	8.6
14.5	9.2	7.5	6.2	7.9	8.4
9.4	9.9	6.9	6.1	6.3	6.9
19.3	6.9	7.5	8.2	7.3	7.1

采用交流阻抗法对钢筋 B、C(检测时，将可移动电极直接放置于所检测钢筋上部的混

凝土表面)分别进行检测,检测结果如下所列。

钢筋 B:混凝土电阻(高频扰动检测值)=25 kΩcm^2;

低频扰动检测值=290 kΩcm^2;

极化电阻(半圆直径)=265 kΩcm^2;

电容=120 μF/cm^2。

钢筋 C:混凝土电阻(高频扰动检测值)=30 kΩcm^2;

低频扰动检测值=330 kΩcm^2;

极化电阻(半圆直径)=300 kΩcm^2;

电容=60 μF/cm^2。

采用线性极化电阻法分别对钢筋 A、B、C(检测时,将可移动电极直接放置于所检测钢筋上部的混凝土表面)分别进行检测,检测结果如下所列。

钢筋 A:电位(银/氯化银参考电极)= −369 mV;

混凝土电阻(300 Hz)=37 kΩcm^2;

极化电阻(±20 mV,30 s 滞后)=465 kΩcm^2;

极化电阻(校正值)=428 kΩcm^2。

钢筋 B:电位(银/氯化银参考电极)= −369 mV;

混凝土电阻(300 Hz)=38 kΩcm^2;

极化电阻(±20 mV,30 s 滞后)=281 kΩcm^2;

极化电阻(校正值)=243 kΩcm^2。

钢筋 C:电位(银/氯化银参考电极)= −333 mV;

混凝土电阻(300 Hz)=72 kΩcm^2;

极化电阻(±20 mV,30 s 滞后)=345 kΩcm^2;

极化电阻(校正值)=243 kΩcm^2。

2)钢筋混凝土内墙的检测

分别采用半电池电位法、混凝土电阻率(电阻)法、线性极化电阻法以及交流阻抗法对钢筋混凝土内墙进行检测,其中钢筋的位置如图 4-21 所示。半电池电位法及混凝土电阻率(电阻)的检测结果如表 4-39~表 4-42 所示。

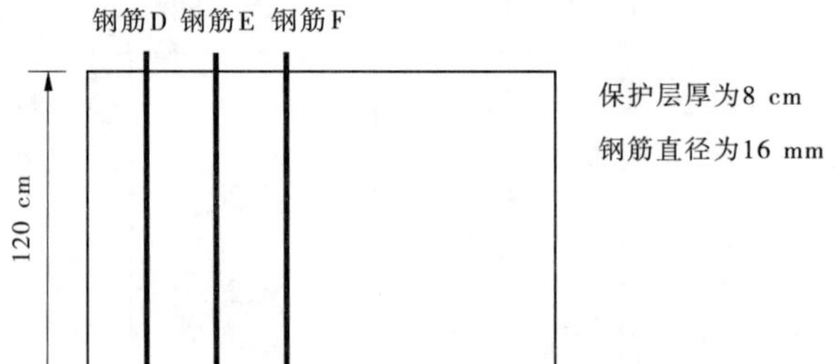

图 4-21 内墙钢筋位置

表 4-39　钢筋电位检测结果

内墙电位图表
（单位:mV　两个铜/硫酸铜电极电位差,一个固定）　4×6 网格　10 cm×10 cm

0	−13	−85	−118
−7	−31	−83	−96
−41	−60	−82	−88
−36	−61	−62	−41
−50	−79	−86	−79
−58	−89	−94	−118

表 4-40　钢筋电位检测结果

内墙电位图表
（单位:mV　两个铜/硫酸铜电极电位差,两个都可移动）　4×6 网格　10 cm×10 cm

0	−24	−101	−172
−11	−67	−129	−157
−53	−77	−108	−102
−68	−96	−114	−109
−84	−114	−131	−148
−90	−126	−145	−157

表 4-41　钢筋电位检测结果

内墙钢筋电位图表
（单位:mV　相对于标准饱和铜/硫酸铜参考电极）　4×6 网格　10 cm×10 cm

−265	−264	−325	−384
−276	−300	−324	−365
−301	−333	−336	−357
−306	−335	−328	−307
−303	−339	−360	−348
−313	−346	−353	−365

表 4-42 混凝土电阻检测结果

内墙混凝土电阻图表 （单位:kΩ 两个铜/硫酸铜电极） 3×7 网格 量测间距 10 cm		
61	124	90
72	163	106
64	163	106
64	98	290
90	58	165
92	57	82
62	92	44

在不同位置采用交流阻抗法对钢筋 E 分别进行检测，检测结果如下所列。

钢筋 E(直接放于钢筋 E 上部的混凝土表面)：

混凝土电阻(高频扰动检测值) = 60 kΩcm^2；

低频扰动检测值 = 140 kΩcm^2；

极化电阻(半圆直径) = 80 kΩcm^2；

电容 = 1.00 μF/cm^2。

钢筋 E(放置于距离钢筋 E 15 cm 的位置，并避开钢筋 F)：

混凝土电阻(高频扰动检测值) = 135 kΩcm^2；

低频扰动检测值 = 245 kΩcm^2；

极化电阻(半圆直径) = 110 kΩcm^2；

电容 = 1.60 μF/cm^2。

采用线性极化电阻法分别对钢筋 D、E、F(检测时，将可移动电极直接放置于所检测钢筋上部的混凝土表面)分别进行检测，检测结果如下所列：

钢筋 D：电位(银/氯化银参考电极) = −365 mV；

混凝土电阻(300 Hz) = 90 kΩcm^2；

极化电阻(±20 mV,30 s 滞后) = 196 kΩcm^2；

极化电阻(校正值) = 106 kΩcm^2。

钢筋 E：电位(银/氯化银参考电极) = −392 mV；

混凝土电阻(300 Hz) = 51 kΩcm^2；

极化电阻(±20 mV,30 s 滞后) = 131 kΩcm^2；

极化电阻(校正值) = 80 kΩcm^2。

钢筋 F：电位(银/氯化银参考电极) = −398 mV；

混凝土电阻(300 Hz) = 48 kΩcm^2；

极化电阻(±20 mV,30 s 滞后) = 156 kΩcm^2；

极化电阻(校正值)＝108 kΩcm^2。

3)钢筋混凝土侧墙的检测

采用交流阻抗法对钢筋 D(断开与钢筋 E 及 F 的连接)单独进行检测，侧墙钢筋布置如图 4-22 所示。检测结果如下所列。

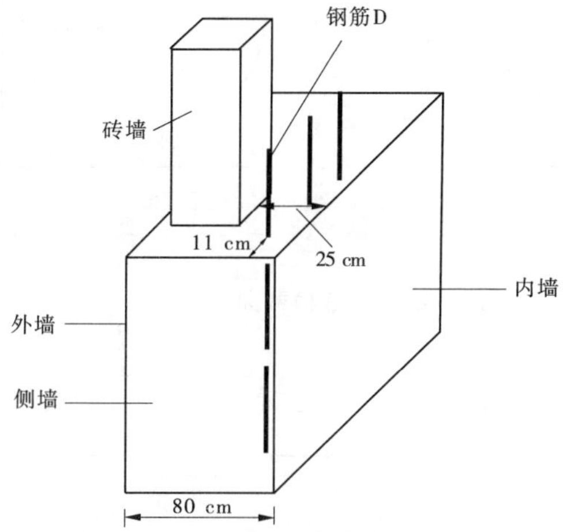

图 4-22　侧墙钢筋布置

钢筋 D(直接放于钢筋 E 上部的混凝土表面)：

混凝土电阻(高频扰动检测值)＝80 kΩcm^2；

低频扰动检测值＝130 kΩcm^2；

极化电阻(半圆直径)＝50 kΩcm^2；

电容＝400 μF/cm^2。

钢筋 D(沿侧墙方向放置于距离钢筋 D 20 cm 的位置)：

混凝土电阻(高频扰动检测值)＝80 kΩcm^2；

低频扰动检测值＝450 kΩcm^2；

极化电阻(半圆直径)＝370 kΩcm^2；

电容＝390 μF/cm^2。

钢筋 D(沿侧墙方向放置于距离钢筋 D 40 cm 的位置)：

混凝土电阻(高频扰动检测值)＝80 kΩcm^2；

低频扰动检测值＝700 kΩcm^2；

极化电阻(半圆直径)＝620 kΩcm^2；

电容＝230 μF/cm^2。

4.3.5　旧桥预应力混凝土空心板的检测

试验检测用空心板为某高速公路维修养护中所更换下的已基本使用 10 年的旧桥预应力混凝土空心板。空心板截面尺寸和配筋如图 4-23、图 4-24 所示。该空心板按照《公路钢筋混凝土及预应力混凝土桥涵设计规范》(JTJ023—85)设计，预应力钢筋采用 5 mm 直径碳素钢丝，普通钢筋采用Ⅰ级钢筋，混凝土采用 40#，空心板跨径为 10 m。

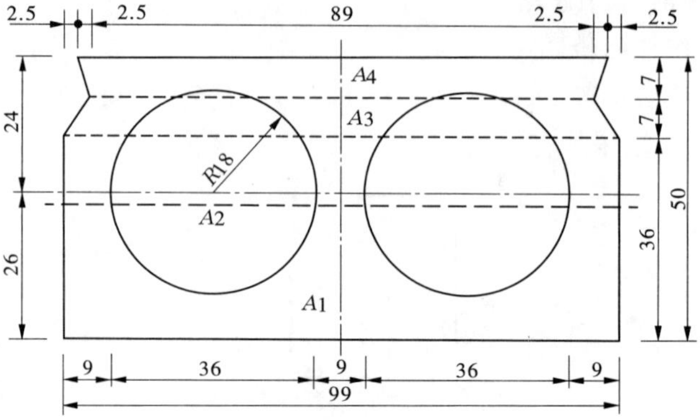

图 4-23　空心板截面　(单位:cm)

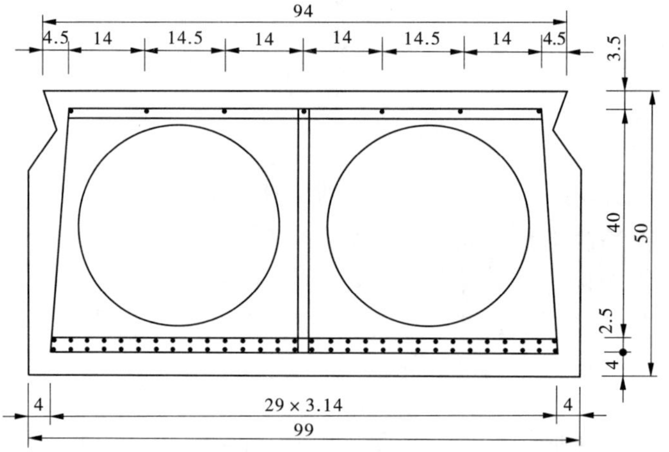

图 4-24　空心板配筋图　(单位:cm)

基于表观检查,该试验板外观基本完好,裂缝发展轻微。其中试验板的板底和板东侧面未发现裂缝,试验板西侧面存在 4 条竖向和弯曲斜裂缝,最大裂缝宽度 0.06 mm。

试验板板体表面各处存在不同程度的损伤,其中,企口缝处存在有混凝土剥落、破坏的情况,空心板端头也存在一定程度的混凝土损伤情况,板体侧面表面混凝土有部分损伤,空心板顶板底面及板体表面部分钢筋外露且存在一定的腐蚀情况。

4.3.5.1　表面碳化

对试验板底面及侧面碳化深度分别进行测试,测试结果如图 4-25～图 4-27 和表 4-43 所示。

由检测结果可以看出,试验板的底面碳化较侧面严重,较为符合工程实际。

4.3.5.2　半电池电位

对预应力混凝土空心板结构而言,上部结构的主要受力钢筋采用预应力钢丝(钢绞线),而预应力钢丝(钢绞线)一般均处于高应力状态,因此预应力钢丝(钢绞线)的腐蚀情况是影响结构耐久性和安全性的重要因素。

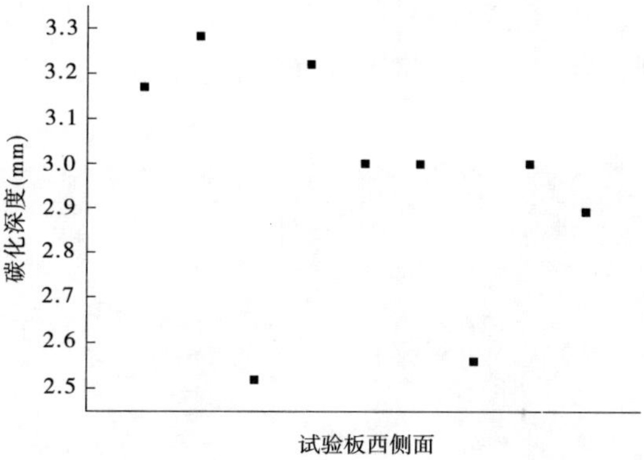

图 4-25　试验板西侧面碳化深度

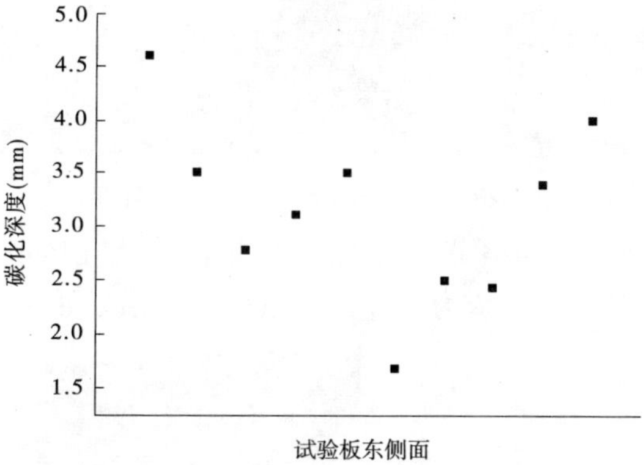

图 4-26　试验板东侧面碳化深度

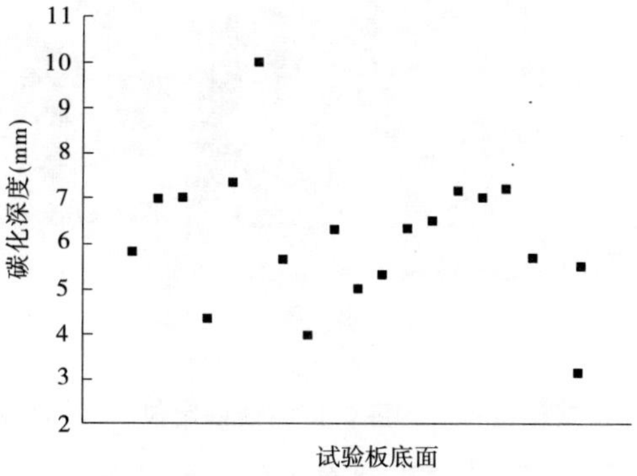

图 4-27　试验板底面碳化深度

表 4-43　试验板的侧面和底面混凝土碳化深度统计参数　（单位：mm）

测试位置	平均值	标准差
西侧面	2.96	0.27
东侧面	3.15	0.84
底　面	6.11	1.49

选择试验板 1/4 跨、1/2 跨、3/4 跨处底板混凝土表面作为测点布置的主要区域。测试前梁体表面用钢丝刷、砂纸打磨后，将表面润湿，并将端头预应力钢丝采取必要的电连接，如图 4-28 所示。

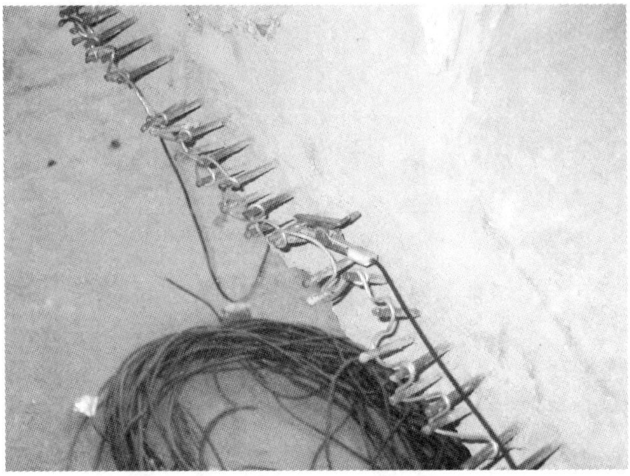

图 4-28 端头先张预应力钢丝电连接

在测区上布置测试网格，网格节点为测点，网格间距为 10 cm×10 cm。各测区表面混凝土表面基本完好。各测区预应力钢丝锈蚀电位检测结果如图 4-29～图 4-31 所示。

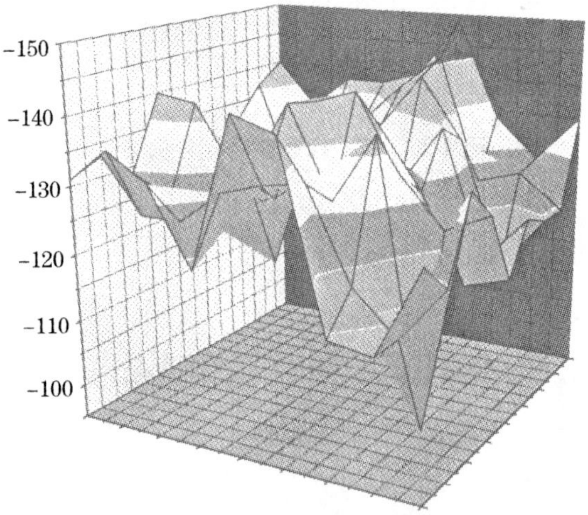

图 4-29 试验板 1/4 跨底板钢丝锈蚀电位 （单位：mV）

依据钢筋锈蚀电位评判标准[4.13]，可以看出试验板 1/4 跨、1/2 跨和 3/4 跨处的预应力钢丝锈蚀电位均大于 −200 mV，表明此处无锈蚀活动性或锈蚀活动性不确定。进一步的腐蚀状态判定有待于对混凝土电阻率和混凝土中氯离子含量的测定后综合给出。

4.3.5.3 混凝土电阻率

为进一步确定试验板中结构钢丝的锈蚀状态，并验证各类检测方法的可靠对应性，对试验板结构混凝土的电阻率进行测试，测试结果如表 4-44、图 4-32 和图 4-33 所示。

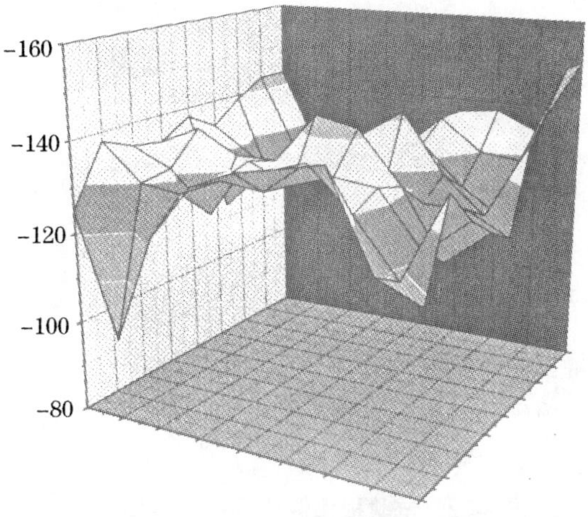

图 4-30　试验板 1/2 跨底板钢丝锈蚀电位　(单位:mV)

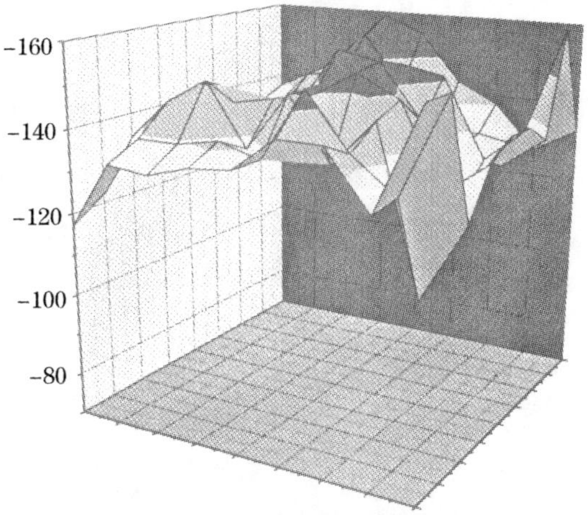

图 4-31　试验板 3/4 跨底板钢丝锈蚀电位　(单位:mV)

表 4-44　试验板结构混凝土电阻率检测结果统计参数　(单位: kΩcm)

测点位置	平均值	标准差
试验板西侧	51.36	12.21
试验板东侧	49.40	6.78

注:测试时环境条件相对湿度 65%,温度 15 ℃。

依据相关判别标准可以看出[4.13],试验板中结构预应力钢丝的可能锈蚀速率很慢。

4.3.5.4　氯离子含量

对试验板结构混凝土中的游离氯离子及总氯离子含量进行测定,测试结果如图4-34、图 4-35、表 4-45 和表 4-46 所示。

根据检测结果可以看出,结构混凝土中氯离子诱发结构钢丝(钢筋)锈蚀的可能性很小。

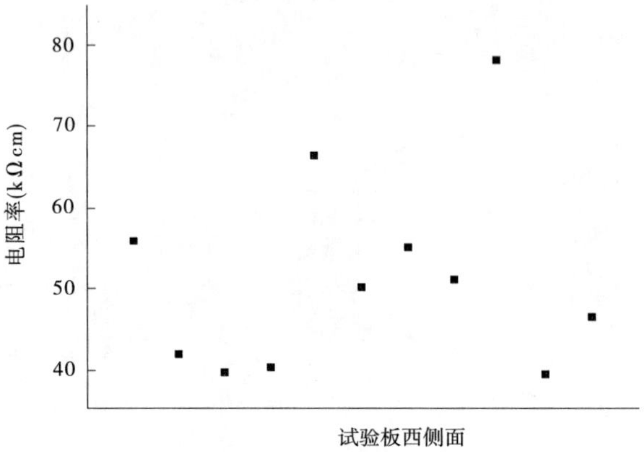

图 4-32　试验板西侧面混凝土电阻率

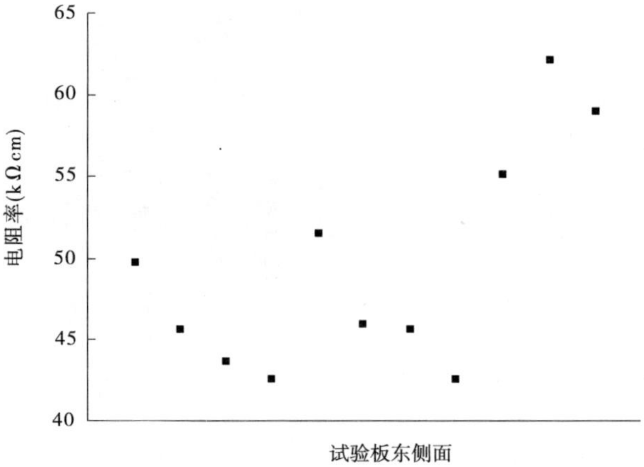

图 4-33　试验板东侧面混凝土电阻率

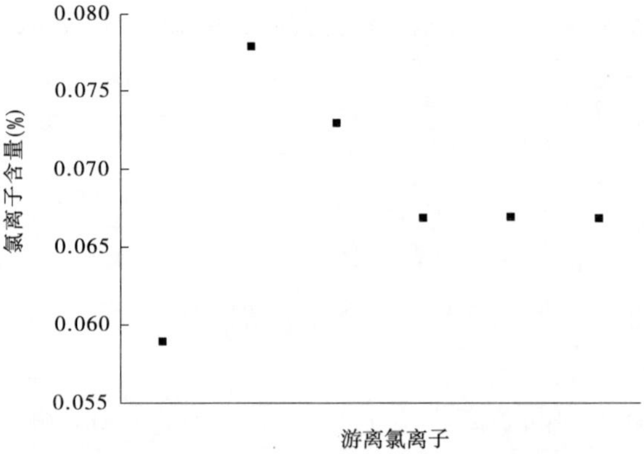

图 4-34　结构混凝土中的游离氯离子含量

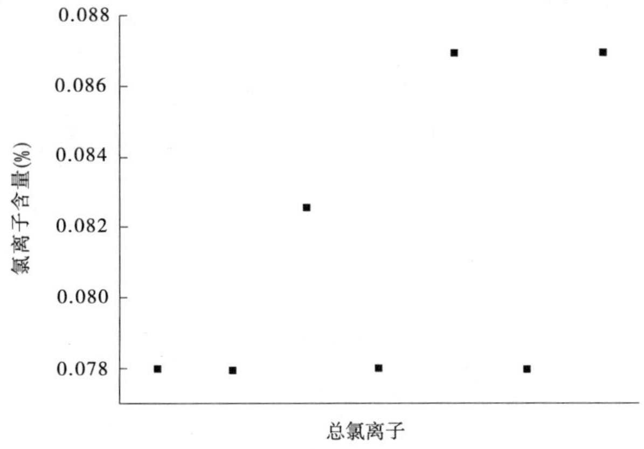

图 4-35　结构混凝土中的总氯离子含量

表 4-45　结构混凝土中游离氯离子含量(%)的测定统计参数

平均值	标准差
0.069	0.006 6

表 4-46　结构混凝土中总氯离子含量(%)的测定统计参数

平均值	标准差
0.082	0.004 3

4.3.5.5　结论和建议

在试验板相关破坏荷载试验完成后,对试验板进行人工凿除,并取出结构钢丝(钢筋),钢丝(钢筋)表面均无明显锈蚀现象,基本仍处于钝化状态。这表明各类检测结果均能较准确地定性反映试验板的实际状态。

试验板在服役一段时间(约 10 年)后,其耐久性依然能够满足正常使用的要求。但试验板板体裂缝、损伤的存在,必将对试验板的耐久性产生不利影响。因此,应采取必要的封闭裂缝、防止预应力筋锈蚀等措施,以提高其耐久性。

《公路桥涵设计通用规范》(JTGD60—2004)中第 1.0.6 条明确规定:"公路桥涵结构的设计基准期为 100 年。"因此,对于新建结构,应采取适当加大保护层、提高结构混凝土密实性等必要措施,以提高结构的耐久性,保证结构在设计寿命期内的正常使用。

4.4　关于常规半电池电位法的改进分析

对于常规的半电池电位法,若参考电极处于钢筋上方时,钢筋的实际腐蚀电位一般应为 -700 mV。但由于参考电极位于混凝土表面且在钢筋和混凝土表面之间存在一定的电阻,实际检测得到的电位为 -350 mV,如图 4-36 所示。因此,量测得到的电位值并非钢筋的实际腐蚀电位值。这一问题在已有的电位评定标准中已经得到考虑,并且如果在整个混凝土表面都进行电位检测,并获得了相应的等电位图,则即使该值并非钢筋的实际

腐蚀电位值,仍有如下两点结论成立:

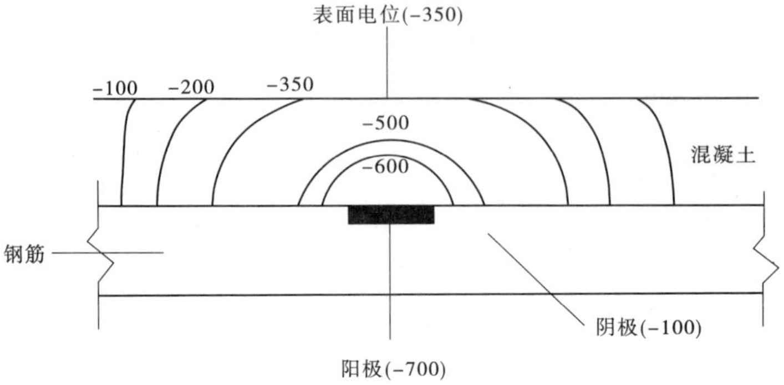

图 4-36　电位分布　(单位:mV)

(1)若在不同区域电位检测值差别较大,则钢筋在很大程度上已发生腐蚀。

(2)检测值负最大的区域是钢筋剧烈腐蚀的最可能的区域。

当采用改进的半电池电位法,即一个移动,一个固定在表面的检测时,上述结论仍然成立,因此可以采用相同的处理方法,即根据检测结果绘出三维电位曲面图及二维等电位图,并根据各等值线间的梯度变化情况判断结构中钢筋的腐蚀区域或程度。图 4-37、图 4-38为根据郑州某化工厂的实际检测结果所绘出的分析图,通过比较可以看出,采用改进的半电池电位法同样可以近似判断结构中钢筋的腐蚀情况。

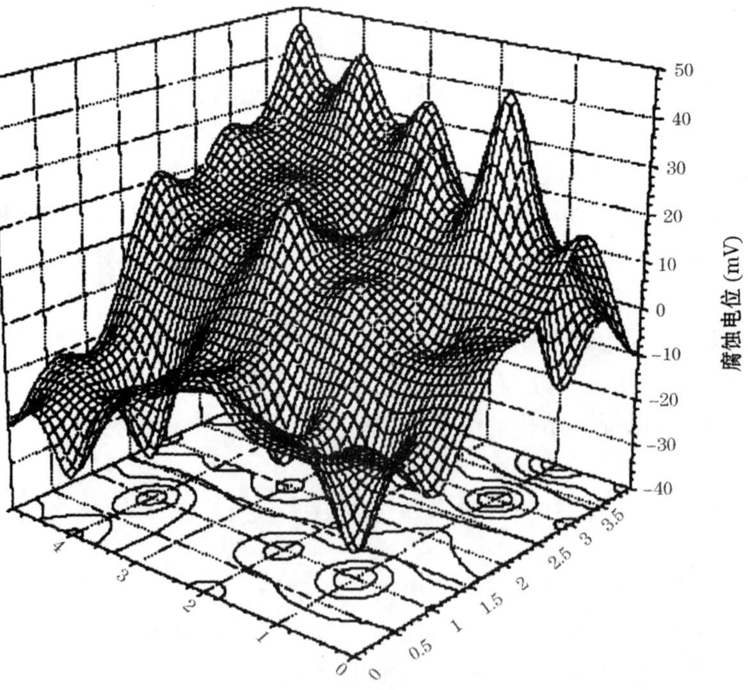

图 4-37　改进方法钢筋电位分析图

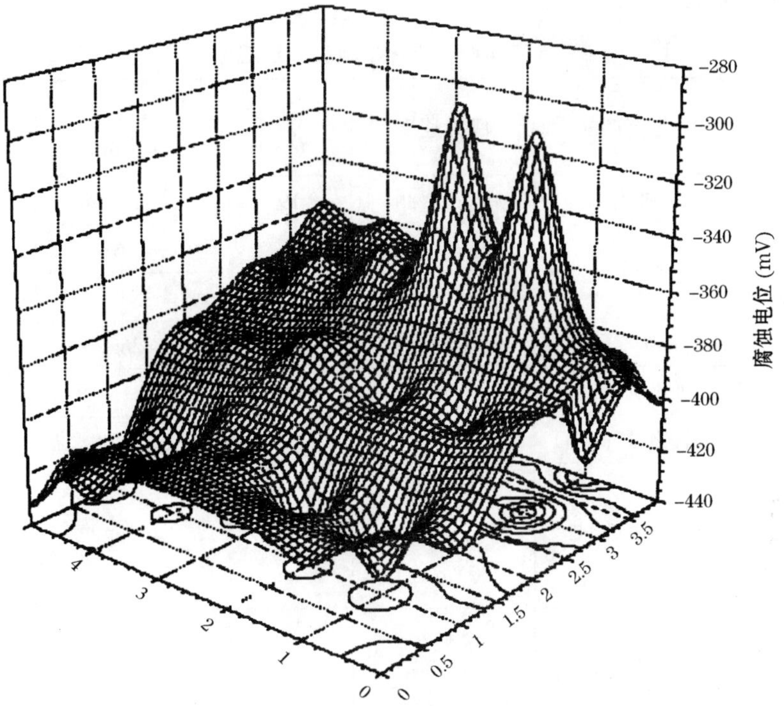

图 4-38　传统方法钢筋电位分析图

4.5　小　结

在各次检测中，所面临的最大困难在于保证检测设备与结构内部钢筋的良好连接。绝大部分业主并不同意(废弃结构除外)凿开部分混凝土露出钢筋以便于检测的进行，因此，传统的标准半电池电位法(一端与钢筋连接)、线性极化电阻法以及交流阻抗法等的应用有一定的实际困难。

基于上述问题，在实际检测时，我们采用了改进的半电池电位法(两个参考电极)和混凝土电阻法(两个电极)，避开了与结构中钢筋的连接问题。对于第一种改进半电池电位法(一个参考电极固定，另一个移动)的检测结果，我们根据检测结果绘出等电位图，然后求出各等值线间的变化梯度，最后根据梯度的相对变化情况及电位值的大小判断结构中钢筋的腐蚀区域或范围，通过与传统的标准半电池电位法检测结果的比较分析可以看出，采用改进的半电池电位法同样可以近似判断结构中钢筋的腐蚀情况，满足工程的实际要求。

对于混凝土电阻法(两个参考电极)的检测，通过与采用 4 探头 Wenner 混凝土电阻率方法检测结果的比较，我们发现两者之间近似成 10 倍的关系，并受探头接触面积影响较大。

根据实际检测结果，如表 4-47 所示。我们发现对于不同的工业生产环境，当钢筋处于相同的腐蚀状态(根据目测结果)时，钢筋的电位所处的范围各不相同，因此直接采用 A.S.T.M C-876 标准对这些结果进行解释判断并不合理，应根据结构所处环境的不同给出合理的解释标准。

表 4-47　电化学检测结果汇总

检测地点	生产产品	腐蚀速度	结构役龄(a)	混凝土电阻率(kΩcm)	电位($CuSO_4$ 电极)(mV)
郑州某化肥厂	氯化氨	很高(目测)	19	0.1～1	－450～－550
四平某化工厂	盐　酸	很高(目测)	15	2.6	
	盐　酸	高(目测)	2	2.9	－120～－230
	盐　酸	低(目测)	2	26	
郑州某化工厂	氯化氢(常温)	高	10	1～5	－350～－450
	氯化氢(高温)	中等	10	25～200	
英国化工厂	一般室外环境	低(极化电阻法 10 μm/a)	12	6～12	－140～－360
	一般室内环境	低(极化电阻法 10 μm/a)	12	6～16	－260～－390

由于仪器设备等原因的限制,不可能在每次现场检测都采用线性极化电阻法或交流阻抗法来定量确定结构中钢筋的腐蚀速率。因此,可以采用根据实际检测结果在表 4-48 所给出的建议评定标准,来近似判断结构中钢筋的腐蚀速率。

表 4-48　建议的钢筋锈蚀速率评定标准

腐蚀速率	高	中等	低	钝化
混凝土电阻率(kΩcm)	＜5	5～10	10～20	＞20
极化电阻(kΩcm^2)	0.25～2.5	2.5～25	25～250	＞500
腐蚀电流密度(μA/ cm^2)	10～100	1～10	0.1～1	＜0.1
腐蚀深度(μm/a)	100～1 000	10～100	1～10	＜1

参考文献

[4.1]　Gonzalez J A, Feliu S, Rodiguez P, et al. Some questions on the corrosion of steel in Concrete. PartII: Corrosion mechanism and monitoring, service life prediction and potection methods. Materials and Structures, 1996, 29(3): 97～104

[4.2]　A. S. T. M C-876　Standard Test Method for Half Cell Potentials of Reinforcing Steel in Concrete

[4.3]　Paul Chess, et al. Corrosion Investigation a guide to half-cell mapping. Thomas Telford Services Ltd., 1996

[4.4] Vassie P R. The half-cell potential method of locating corroding reinforcement in concrete structures, TRRL Application Guilde 9, 1991

[4.5] Stratfull R F. Half-Cell Potentials and the Corrosion of Steel in Concrete. Highway Research Record, 433, 1973, 12～21

[4.6] Millard S G, et al. Assessing the electrical resistivity of concrete structure for corrosion durability studies, 3rd Int. Symp. On Corrosion of Concrete in Concrete Construction, Wishaw, May 1990, Society of Chemical Industry, 1990

[4.7] Alonso C, et al. Relation between resistivity and corrosion rate of reinforcement in carbonated concrete, cement and concrete research, 1988, No. 8, 687～698

[4.8] Stern M, Geary A L. Electrochemical polarisation: A theoretical analysis of the shape of polarisation curves. Journal of the Electrochemical Society, 1957. 56～63

[4.9] Millard S G, Gowers K R, Gill J S. Reinforcement Corrosion Assessment Using Linear Polaization Techniques, Proc. Conf. on"Evaluation and rehabilitation of concrete structures", HongKong, December 1991, 373～394

[4.10] Gowers K R, et al. Progra mmable linear polarization meter for determination of corrosion rate of reinforcement in concrete structures. British Corrosion Journal, 1994, 29(1): 25～31

[4.11] Brian B. Hope, et al. Corrosion Rates of Steel in Concrete. Cement and Concrete Research, 1986 (16): 771～781

[4.12] Feliu S, et al. Possibilities of the Guard Ring for Electrical Signal Confinement in the Polarization Measurements of Reinforcements. Corrosion, 1990, 46(12): 1015～1020

[4.13] 中华人民共和国交通部. 公路旧桥承载能力鉴定方法(试行). 北京: 人民交通出版社, 1988

[4.14] 赵卓, 霍达, 赵顺波 . 受腐蚀混凝土结构的随机腐蚀损伤 . 中国港湾建设, 2001(1): 23～25

[4.15] JTJ023—85　公路钢筋混凝土及预应力混凝土桥涵设计规范

[4.16] 赵卓, 关罡, 霍达, 等 . 受氯化物腐蚀钢筋混凝土结构的腐蚀检测与评价 . 建筑结构, 2000, 30(12): 20～23

第5章　混凝土结构腐蚀损伤的模糊综合评判

在腐蚀环境下,服役混凝土结构由于受到环境中各类腐蚀性介质的侵蚀,常常造成钢筋截面损失、屈服强度降低、混凝土表面开裂或剥落等,削弱了结构的承载能力和抗灾害能力。在结构预期使用荷载变化不大的情况下,结构的安全性和可靠性将会降低,甚至破坏,造成不必要的经济损失。

因此,应该对腐蚀环境下混凝土结构的可靠性进行合理的评判,确定其安全程度,以利于做出正确的维修决策,减少不必要的经济损失。

对于服役混凝土结构,从理论上讲,在评判时其结构抗力应为有一定误差和分布的量,其结构参数原则上可根据实测的方法得到。然而,由于检测设备发展的不完善、评判标准的不统一以及相关理论的缺乏等,对环境腐蚀性等级、结构腐蚀损伤程度的判定等都是随机的、模糊的和不确知的。因此,我们采用多级模糊综合评判的方法,并结合部分实测结构参数进行修正校验,对腐蚀环境下服役混凝土结构的受腐蚀损伤程度进行评估。

5.1　影响因素论域的划分

评判一个混凝土结构体系的腐蚀损伤程度,必须先评判组成体系的各构件的损伤。混凝土框架结构体系由基础和上部结构组成,其中上部结构是由梁、板、柱及连接节点组成。因此,把因素论域划分如下

$$U = \{u_1, u_2\} \tag{5-1}$$

式中　u_1——基础部分;

u_2——上部结构。

评判上部结构时,依据各类构件受力特性的不同,划分为4个正交子集

$$u_2 = \{u_{21}, u_{22}, u_{23}, u_{24}\} \tag{5-2}$$

式中　u_{21}、u_{22}、u_{23}、u_{24}——梁、板、柱及连接节点。

要评判混凝土框架结构体系的损伤程度,则须首先分别评判梁、板、柱、基础以及连接节点处的损伤。

这样,在评判混凝土框架结构体系的腐蚀损伤时,评定过程主要分为两个大的层次:第一层次是梁、板、柱及连接节点腐蚀损伤的评定;第二个层次则是依据上部结构、基础部分的不同腐蚀损伤情况来评定整个结构体系。其中第一层次又分为具体构件、某层同类构件、某层的所有构件等不同评定层次。具体评价层次及步骤如图5-1所示。因此,称之为多级模糊综合评判。

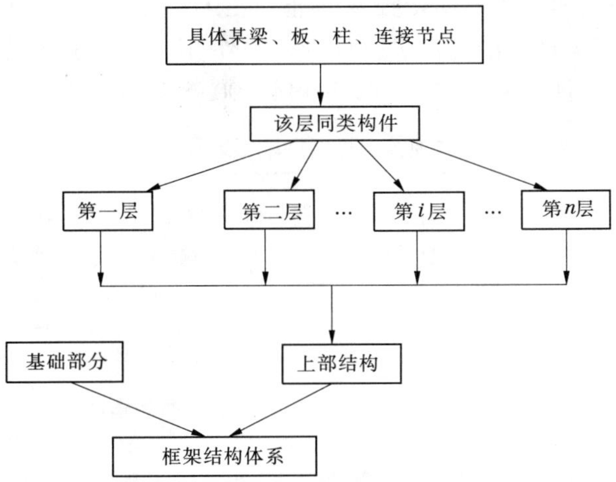

图 5-1　混凝土框架结构体系评判步骤

5.2　各层次论域子集中影响因素的确定

对于不同层次的评定因素论域子集,根据其结构特性及易发生腐蚀损伤部位的不同,其影响因素的确定及权重的分配是各不相同的,在必要时,应根据实际情况及专家的意见,并参考相应规范进行修正。

5.2.1　基础部分

根据混凝土结构基础部分的受腐蚀损伤特点及实际检测的可行性,我们建议利用表 5-1来对基础部分的腐蚀损伤程度进行评判。其中,基础倾斜及其他原因所引起的结构不均匀沉降,根据《工业厂房可靠性鉴定技术标准》(GBJ144—90)和《建筑地基基础设计规范》(GBJ7—89)等相关规范中的规定对其进行评判,这里不做过多讨论。

表 5-1　基础腐蚀情况评定影响因素集及权重分配

基础倾斜及其他原因引起的结构不均匀沉降	基础混凝土表面腐蚀情况	基础钢筋腐蚀情况	基础混凝土钻芯取样碳化深度的确定	基础混凝土钻芯取样抗压强度的测定
0.3	0.1	0.3	0.1	0.2

另外,由于基础部分的复杂性和特殊性,当针对不同的结构类型,上述影响因素还不足以评定基础的状态时,可以将以下几个因素的影响作为参考以利于评定:①地基土壤的电阻;②地基土壤钻探取样 pH 值的测定;③基础表面混凝土钻芯取样氯离子含量的确定。

5.2.2　上部结构

依据上部结构各构件及连接节点的受腐蚀损伤特点及结构特性,我们建议利用表 5-2～表 5-5 来分别评判各类构件及节点的腐蚀损伤程度。其中,钢筋混凝土构件的表面裂缝,可根据《工业厂房可靠性鉴定技术标准》(GBJ144—90)、《民用建筑可靠性鉴定技术标准》(送审稿)等相关规范的规定进行评判。另外,构件的挠度和水平位移在必要的情况下,也应加以考虑,其评定标准可参照 GBJ144—90 等相关规范中的规定进行。

表 5-2 梁腐蚀情况评定影响因素集及权重分配

混凝土表面腐蚀裂缝情况	混凝土表面腐蚀剥落情况	跨中受拉钢筋腐蚀情况	其他区段受拉钢筋腐蚀情况	支座、节点处钢筋腐蚀情况	箍筋腐蚀情况
0.1	0.1	0.35	0.15	0.15	0.15

表 5-3 板腐蚀情况评定影响因素集及权重分配

混凝土表面腐蚀裂缝情况	混凝土表面腐蚀剥落及强度损失情况	跨中 1/3 区段钢筋腐蚀情况	其他区段钢筋腐蚀情况	支座、节点处钢筋腐蚀情况
0.10	0.15	0.5	0.1	0.15

表 5-4 柱腐蚀情况评定影响因素集及权重分配

柱中部混凝土腐蚀及强度损失剥落情况	柱两端部混凝土腐蚀剥落及强度情况	柱两端部纵向钢筋腐蚀情况	柱中部纵向钢筋腐蚀情况	柱两端部箍筋腐蚀情况	柱中部箍筋腐蚀情况
0.25	0.25	0.15	0.15	0.10	0.10

表 5-5 节点腐蚀情况评定影响因素集及权重分配

节点区域钢筋腐蚀情况	节点区域混凝土腐蚀剥落情况	专家意见
0.3	0.3	0.4

5.3 各因素论域子集评语等级的确定

在参照 GBJ144—90、《房屋完损等级评定标准》以及 CEB Bulletin No.162 所作有关规定的基础上,我们将基础部分及各类结构构件的腐蚀损伤等级划分为Ⅰ、Ⅱ、Ⅲ、Ⅳ、Ⅴ等 5 个等级,分别对应于腐蚀损伤严重、较严重、中等、较轻、轻。它们是模糊语言变量,各等级之间无明确的界限。

在实际检测工作的基础上,参照各类相关规范标准的有关规定,我们给出了相应的单因素评判参考标准,如表 5-6 所示。其中,钢筋锈蚀因素的影响,在结合文献[5.2,5.3]以及第 4 章工作的基础上,给出了采用半电池电位法、混凝土电阻率法以及线性极化电阻法的等级评定标准。另外,给出了混凝土碳化深度及混凝土残余强度的等级评定标准。

表 5-6　构件腐蚀损伤单因素评判参考标准

项目	腐蚀损伤等级				
	轻	较　轻	中　等	较严重	严　重
混凝土开裂剥落	—	个别区域	大面积区域	个别区域,受力钢筋周围混凝土已剥落	参考第Ⅱ级
碳化深度	轻微	$<\frac{t_1}{T}\times a_c$	$>\frac{t_1}{T}\times a_c$,$\leqslant a_c$	$>a_c$	—
混凝土的残余强度	—	⩾0.95	⩾0.90	⩾0.85	<0.85
标准半电池电位值	100～-100 mV	-100～-250 mV	-250～-350 mV	-350～-500 mV	<-500 mV
钢筋截面损失率	—	约 5%	约 10%	约 20%	部分箍筋锈断,主受力钢筋有明显弯曲变形
混凝土电阻率(kΩcm)	>20	10～20	5～10	<5	
极化电阻(kΩcm^2)	>500	25～250	2.5～25	0.25～2.5	
截面损失率 $\frac{\Delta A_s}{A_s}=\frac{\gamma_0}{a\phi}$	其中,γ_0 为钢筋表面锈层的厚度,ϕ 为钢筋设计直径,a 为基于腐蚀区域氧气浓度的调整系数,当锈蚀钢筋完全暴露时,取 $a=1$,其他情况取 $a=2$				

注:①标准半电池的电位值评定标准,在特殊环境下(如低温、高温等)应根据实际情况作出调整。②表中,t_1 指结构在检测时已使用年数,T 指结构的设计基准期,a_c 为混凝土保护层厚度。

5.4　上部结构各因素子集的模糊综合评判

5.4.1　具体构件的模糊损伤等级评判

对某一具体构件而言,当影响其腐蚀损伤状态的各因素的单因素评判标准及相应权重确定后,则可依据评语等级的划分,通过单因素评判和模糊变换确定该构件的模糊腐蚀损伤等级。

设需要评价的腐蚀环境中的钢筋混凝土结构共有 $k(k=1,2,\cdots,K)$ 个结构部件(包括梁、板、柱、连接节点),每个部件有 $j(j=1,2,\cdots,M)(M=3、5$ 或 $6)$ 个影响损坏程度的因素;每个单因素模糊评判等级有 $i=$ Ⅰ、Ⅱ、Ⅲ、Ⅳ、Ⅴ = 严重、较严重、中等、较轻、轻五个等级。则对于第 k 个构件或部位,第 j 个影响因素,利用相应的单因素评判参考标准

表,可获得其相应于各损伤等级的模糊隶属度

$$b_{kji} = \frac{\mu_{kj}(u_i)}{u_i} \tag{5-3}$$

它们组成该构件的影响因素 j 的单因素评判矩阵

$$B_{kj} = [b_{kj1}, b_{kj2}, b_{kj3}, b_{kj4}, b_{kj5}] \tag{5-4}$$

将第 k 个构件所有的影响因素 $j=1,2,\cdots,M(M=3$、5 或 6)的模糊关系向量,即单因素评判矩阵联合起来,就组成了第 k 个构件损伤程度的模糊综合评判矩阵

$$B_k = \begin{bmatrix} B_{k1} \\ B_{k2} \\ \vdots \\ B_{kM} \end{bmatrix} = \begin{bmatrix} b_{k11} & b_{k12} & b_{k13} & b_{k14} & b_{k15} \\ b_{k21} & b_{k22} & b_{k23} & b_{k24} & b_{k25} \\ \vdots & \vdots & \vdots & \vdots & \vdots \\ b_{kM1} & b_{kM2} & b_{kM3} & b_{kM4} & b_{kM5} \end{bmatrix} \tag{5-5}$$

根据子集 U_k 中各因素所起作用大小给出的因素权重向量 $A_k=[a_{k1},a_{k2},\cdots,a_{kM}]$,其中 a_{kj} 就是因素 u_j 对评定构件 k 损伤程度的影响的大小的权重系数,即是单独考虑因素 u_j 对评定构件 k 损伤等级所能起作用大小的度量,从表 5-1~表 5-5 可以看出,我们采用了归一化的各影响因素的权重系数。于是,按下面的模糊变换可求出相应构件 k 的损伤等级的模糊向量 R_k

$$\begin{aligned} R_k = A_k \cdot B_k &= [a_{k1}, a_{k2}, \cdots, a_{kM}] \begin{bmatrix} b_{k11} & b_{k12} & b_{k13} & b_{k14} & b_{k15} \\ b_{k21} & b_{k22} & b_{k23} & b_{k24} & b_{k25} \\ \vdots & \vdots & \vdots & \vdots & \vdots \\ b_{kM1} & b_{kM2} & b_{kM3} & b_{kM4} & b_{kM5} \end{bmatrix} \\ &= [r_{k1}, r_{k2}, \cdots, r_{k5}] \end{aligned} \tag{5-6}$$

5.4.2 同层各类构件的模糊损伤等级评判

在对混凝土多层框架结构受腐蚀损伤程度进行评判时,应将上部结构主体部分与基础部分分开来考虑。而对于上部结构主体部分,不同层数相同类型构件的破坏,将对结构整体造成不同程度的损伤。如结构一层柱子的破坏与二层柱子的破坏对结构所造成的损伤是有所不同的。因此,在这里应分别考虑。

假设上部结构共有 Q 层,则针对第 q 层($q=1,2,\cdots,Q$)结构,可在步骤 5.4.1 工作的基础上,分别评定该层各类构件部位(梁、板、柱、连接节点)的综合模糊损伤程度。即进行二级模糊综合评判,以确定某层柱或某层梁等的模糊损伤程度。

下面将针对该层某类具体构件,如柱子的评判作具体说明。

设第 q 层共有竖向受力柱(不考虑构造柱)l_q 个,则根据步骤 5.4.1 的工作,可以得到某一具体柱的腐蚀损伤程度。而各柱之间权重的分配,则可根据实际情况进行近似平均分配,或根据专家的意见进行确定。

由于各具体柱的腐蚀损伤程度评估结果已知,则将其组合即可得到第 q 层该类构件的模糊评判矩阵

$$R_{q柱}=\begin{bmatrix} r_1 \\ r_2 \\ \vdots \\ r_{l_q} \end{bmatrix}=\begin{bmatrix} r_{11} & r_{12} & r_{13} & r_{14} & r_{15} \\ r_{21} & r_{22} & r_{23} & r_{24} & r_{25} \\ \vdots & \vdots & \vdots & \vdots & \vdots \\ r_{l_q1} & r_{l_q2} & r_{l_q3} & r_{l_q4} & r_{l_q5} \end{bmatrix} \tag{5-7}$$

另由经验或统计给出该层各柱的归一化权重系数,即可得到

$$A_{q柱}=[a_{q柱1},a_{q柱2},\cdots,a_{q柱l_q}] \tag{5-8}$$

各权系数的和如下式

$$\sum_{j=1}^{l_q} a_{q柱j}=1 \tag{5-9}$$

因此,该层柱的腐蚀损伤对应的模糊等级向量为

$$S_{q柱}=A_{q柱}\cdot R_{q柱}=[a_{q柱1},a_{q柱2},\cdots,a_{q柱l_q}]\begin{bmatrix} r_{11} & r_{12} & r_{13} & r_{14} & r_{15} \\ r_{21} & r_{22} & r_{23} & r_{24} & r_{25} \\ \vdots & \vdots & \vdots & \vdots & \vdots \\ r_{l_q1} & r_{l_q2} & r_{l_q3} & r_{l_q4} & r_{l_q5} \end{bmatrix}$$

$$=[S_{q柱1},S_{q柱2},\cdots,S_{q柱5}] \tag{5-10}$$

为安全计,当对某层同类构件的腐蚀损伤程度作出评判时,其评判结果尚应根据相关规范的要求作适当的修改。在 GBJ144—90 所作规定的基础上,我们建议以表 5-7 作为评判结果修正的参考标准。

表 5-7　评判结果修正的参考标准

腐蚀损伤等级	评定结果修正标准(n_j 为一个楼层中该种构件的数量)
Ⅴ	该层所含构件的腐蚀损伤等级中,无Ⅰ、Ⅱ、Ⅲ级,可有Ⅳ级或Ⅳ级以上腐蚀损伤构件,但一个楼层含量不大于 $0.2n_j$
Ⅳ	该层所含构件的腐蚀损伤等级中,无Ⅰ、Ⅱ级,可有Ⅲ级或Ⅲ级以上腐蚀损伤构件,但一个楼层含量不大于 $0.15n_j$
Ⅲ	该层所含构件的腐蚀损伤等级中,无Ⅰ级,可有Ⅱ级或Ⅱ级以上腐蚀损伤构件,但一个楼层含量不大于 $0.075n_j$
Ⅱ	该层所含构件的腐蚀损伤等级中,可有Ⅰ级或Ⅰ级以上腐蚀损伤构件,但一个楼层含量不大于 $0.05n_j$
Ⅰ	该层所含构件的腐蚀损伤等级不符合Ⅱ级的标准

这里,具体构件的模糊损伤等级可采用构件模糊损伤等级向量的“凝聚值”,即突出占优势等级的作用,利用各隶属度 r_{ki} 的二次幂为权取加权平均的方法求构件损伤的非模糊折算等级 R_{kP},即

$$R_{kP} = \frac{\sum_{i=1}^{5} r_{ki}^2 \cdot V_i}{\sum_{i=1}^{5} r_{ki}^2} \tag{5-11}$$

式中 V_i——各隶属度所对应的评语等级。

当某类构件的腐蚀损伤程度按表 5-7 修正后为Ⅲ级左右，但若所含Ⅱ级或Ⅱ级以上构件沿结构物某一方位呈规律性分布，或过分集中在建筑物某部位时，应将所评的构件损伤等级降为Ⅱ级。

另外，当结构物的下列部位之一存在Ⅱ级或Ⅱ级和Ⅰ级之间的构件时，应依据实际情况，直接将该类构件评定为Ⅱ级或Ⅰ级：

(1)人群密集的公共场所。

(2)多层房屋的底层；高层房屋的底层及其以上两层；框支剪力墙的框架层。

(3)其他破坏后果严重的部位。

对其他类型的构件，如梁、板及连接节点，也可以采用相同的办法进行评判。但应该注意的是，在评判时，考虑到构件受力特性的不同以及对结构所起作用的不同，权重的分配与柱的权重分配有所不同。例如，对梁而言，有主、次梁之分等，因此应根据结构类型特点并在听取专家意见的基础上，作出合理的权重分配。

5.4.3 框架结构体系受腐蚀损伤的多级模糊综合评判

如上所述，对于混凝土框架体系上部结构主体部分，不同层数结构所受到的腐蚀损伤程度可根据第三级模糊评判得出，再进行第四级评判，根据各层的损伤程度评判上部结构的模糊损伤等级。最后进行第五级模糊评判，进行整个结构体系模糊损伤等级的综合评判。一般说来，在对框架结构体系作评判时，应注意以下几点：

(1)应针对上部结构主体部分，对各层所受腐蚀损伤程度做出综合评判。在同一层中，梁、板、柱、连接节点的权重可分别取 0.25、0.1、0.5、0.15。

(2)在上一步的基础上，对上部结构主体部分所受腐蚀损伤程度作出综合评判。随着结构层数的增加，其权重应相应递次降低，在确定各层的权重系数时，应根据结构类型的实际特点并听取有关专家的意见以保证权重系数的合理性。

(3)综合考虑上部结构和基础部分所受腐蚀损伤程度的模糊综合评判结果，对混凝土框架结构体系受腐蚀程度作出综合评判。一般情况下，应按基础与上部结构两因素论域子集中较低的等级确定。

5.5 受腐蚀混凝土结构的可靠性鉴定评级

对于腐蚀环境下的服役钢筋混凝土结构，其可靠性的降低主要是由于结构所受的腐蚀损伤所引起的。若分别设 β_0 和 β_t 为结构新建时和使用 t 年后的可靠度指标，则二者之间的关系可近似地表达为

$$\beta_t = \beta_0 \cdot f(B) \tag{5-12}$$

式中　B——整个服役结构体系受腐蚀损伤的模糊等级评判向量，$B=[b_1,b_2,\cdots,b_5]$。

因此，根据混凝土结构所受腐蚀损伤的程度，并参照 GBJ144—90 中的有关规定，可对其可靠性做出近似的评价。

Ⅴ**级损伤**：可靠性符合规范标准的要求，具有正常的承载能力和使用功能，可不采取措施，但可能有个别构件应在防腐方面加以适当改进。

Ⅳ**级损伤**：可靠性基本符合规范标准的要求，不影响正常的承载能力和使用功能，个别构件应在防腐方面进行适当处理，并可能有少数构件应在使用性方面采取适当措施进行处理。

Ⅲ**级损伤**：可靠性略低于规范标准的要求，尚不影响整体承载能力和使用功能。部分构件应在结构防腐方面进行处理，有些构件应在使用性方面采取适当措施，少数构件应在安全性方面采取措施进行处理。

Ⅱ**级损伤**：可靠性不符合规范标准的要求，影响结构正常的承载能力和使用功能，应采取措施，且有些构件必须立即采取措施进行处理。

Ⅰ**级损伤**：可靠性严重不符合规范标准的要求，已危及安全，应停止使用，必须立即采取措施进行处理。

在对受腐蚀损伤混凝土结构的可靠性进行评定时，在必要的情况下，还应依据相关规范标准的要求，对结构的整体性及防护措施做出评判，以保证最终评判结果的合理性。

参考文献

[5.1]　王光远．工程软设计理论．北京：科学出版社，1992

[5.2]　A.S.T.M C-876　Standard Test Method for Half Cell Potentials of Reinforcing Steel in Concret

[5.3]　Paul Chess，Frits Gronvold．Corosion Investigation a guide to half-cell mapping．London：Thomas Telford Services Ltd．，1996

[5.4]　Gonzalez J A，Feliu S，Rodiguez P，et al．Some questions on the corrosion of steel in Concrete．PartII：Corrosion mechanism and monitoring，service life prediction and potection methods．Materials and Structures，1996，29：97～104

[5.5]　GBJ10—89　混凝土结构设计规范

[5.6]　GBJ144—90　工业厂房可靠性鉴定技术标准

[5.7]　GBJ7—89　建筑地基基础设计规范

[5.8]　卓尚木，等．钢筋混凝土结构事故分析与加固．北京：中国建筑工业出版社，1997

[5.9]　张富春，等．建筑物的鉴定加固与改造．北京：中国建筑工业出版社，1992

[5.10]　赵卓，等．受腐蚀钢筋混凝土框架结构腐蚀损伤的多级模糊综合评判．华北水利水电学院学报，1999，20(3)：28～31

第 6 章 受腐蚀混凝土结构的动态可靠性分析

一个结构的建立,其目的在于使相应结构在其预定的使用期内,在设计预定的使用条件下,完成所要求的各项功能。然而,由于如社会的变革、经济的发展、生产技术的提高、外界环境对结构所造成的损伤(如火灾、水灾、地震、冻融循环、侵蚀性化学腐蚀、疲劳磨损、钢筋锈蚀等)等种种因素的影响,常常在结构设计寿命来临之前,就需要对结构进行大量的维护、维修、改建或拆除重建。

在腐蚀环境下,环境中的有害介质离子将对混凝土结构造成不同程度的损伤。这些损伤显然会引起结构构件及结构整体抗力的降低,在预期荷载不变的情况下,结构的安全度和可靠度就会降低,并可能使结构在达到其设计寿命之前就已经破坏。因此,研究并预测腐蚀环境下混凝土结构的可靠性及其剩余寿命,成为一个亟待解决的问题。

6.1 钢筋锈蚀的分阶段速率模型

各方学者对侵蚀环境下服役混凝土结构的耐久性问题进行了广泛的研究[6.1~6.7],所做的工作主要分为两个方面,一方面是结构混凝土中钢筋锈蚀速率的检测方法研究,如半电池电位法、混凝土电阻率法以及线性极化电阻法等,以期通过一定的检测手段来有效地确定混凝土结构中钢筋的腐蚀速率;另一方面就是在结构腐蚀损伤速率模型的基础上,对混凝土结构的耐久性进行分析并预测其剩余使用寿命。

当预测服役混凝土结构的剩余寿命时,采用图 6-1 所示的 Tunti[6.8] 模型来定性描述结构受腐蚀损伤的发展过程是较符合实际的。

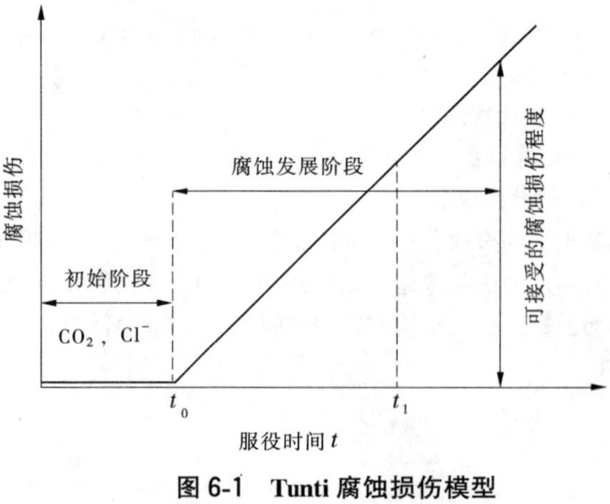

图 6-1 Tunti 腐蚀损伤模型

从图 6-1 可以看出,为准确描述混凝土结构腐蚀的整个进程,并对受腐蚀结构的剩余使用寿命做出合理预测,结构腐蚀的初始时间 t_0 的确定是至关重要的,对预应力混凝土结构而言更为重要。

与普通钢筋的腐蚀特点相比，预应力钢筋的腐蚀破坏特点则有所不同，有其特殊性[6.9]：①由于预应力钢筋断面小且长期处于高应力状态，应力腐蚀及氢脆腐蚀现象特别突出，预应力钢筋自开始腐蚀至失效历时很短，破坏形式通常表现为无任何先兆的脆性破坏；②预应力技术在工程中的成功应用，需要经过多道工艺，如后张预应力混凝土中波纹管的制作、埋置，管道的灌浆，预应力力筋的锚固及锚具的防腐处理等，任何一个环节的疏忽或质量的缺陷都有可能影响结构的耐久性。因此，对于预应力混凝土结构而言，可以偏安全地近似将结构的初始腐蚀时间 t_0 作为结构（或构件）的腐蚀破坏临界状态。而初始时间 t_0（或去钝时间）的确定则取决于结构防护程度及有害介质离子的渗透速率。

当钢筋的锈蚀是由氯离子的侵蚀而引起时，结构腐蚀初始时间 t_0 的确定，基于 Fick 第二扩散定律，主要在于 C_s、C_0 及 D 等相关参数的确定。目前有关氯离子侵蚀引起钢筋锈蚀初始时间 t_0 确定的相关文献报道，不同程度上均存在三个方面的假设[6.10]：

(1)混凝土表面的氯离子浓度是定值或按实际情况确定。

(2)扩散系数按实际情况确定或考虑为定值。

(3)氯离子一旦到达混凝土表面就开始渗入混凝土内部。

如前所述，上述 C_s、C_0 及 D 等相关参数的确定受较多因素的影响，其中 C_s 和 D 在不同程度上均为随时间及环境条件等的变化而变化的随机变量。因此，结构腐蚀初始时间 t_0 的确定还应综合考虑多种因素，并根据实际检测、诊断结果进行必要的修正。

钢筋的锈蚀速率，即单位时间内钢筋锈蚀量的大小直接影响到钢筋混凝土结构使用寿命的长短，钢筋的锈蚀速率反映了混凝土中钢筋锈蚀的剧烈程度。钢筋的锈蚀速率可以用阳极电流密度、失重速率或者反映局部锈蚀状态的截面损失率表示。钢筋锈蚀速率的预测和测定，对于准确预测结构或构件的剩余使用寿命具有一定意义。

按照各影响因素与混凝土结构（或构件）的关系，可分为两大类：内因是由混凝土结构（或构件）本身决定的，如混凝土渗透性，水灰比，强度，水泥品种，钢筋的直径、位置，混凝土保护层厚度等；外因为结构（或构件）所处的环境温度、湿度等。

现有的研究中通常采用阳极电流密度表示钢筋的锈蚀速率，且假定锈蚀速率为一常数或随结构服役时间变化的随机变量，并不受水灰比、保护层厚度、裂缝等的影响。实际上，在结构混凝土未开裂前，锈蚀速率取决于钢筋表面氧气和水分的可利用程度，而钢筋表面的氧气量依赖混凝土质量（水灰比）、保护层厚度及环境条件等。混凝土中钢筋锈蚀速率的控制形式大致可分为三种类型：阴极控制、阳极控制和电阻控制。不同环境下三种控制形式发挥作用的程度有所不同。一般情况下，混凝土中的钢筋锈蚀在大多数条件下主要是阴极氧气的扩散控制，只有当混凝土比较干燥时，才是混凝土电阻控制。而在混凝土结构开裂后，由于混凝土对钢筋保护的丧失，其腐蚀过程将有所不同。

由于失效准则的不统一，对钢筋腐蚀全过程的研究并不清晰，部分研究针对混凝土结构开裂前（开裂准则）的腐蚀过程，部分研究则未考虑开裂前（强度破坏准则）钢筋的腐蚀变化情况。因此，应统筹考虑建立钢筋锈蚀全过程的损伤速率模型，以便于正确计算、预测并判断受腐蚀混凝土结构的可靠性及剩余寿命。

6.1.1 混凝土开裂前的钢筋锈蚀速率模型

在结构混凝土开裂前,腐蚀电池中的阴极部分对控制钢筋锈蚀速率起着关键作用。阴极反应必要的反应物是氧气,氧气通过混凝土到达钢筋表面的速率控制了钢筋腐蚀的过程。而当氧气供应受到限制时,锈蚀反应速度则由氧气供应情况决定。由此可见,氧气在混凝土中的扩散过程是非常重要的问题。

氧气的扩散在很大程度上依赖于混凝土的施工质量(水灰比)、保护层、环境温湿度等。大量的试验和现场监测数据表明,水灰比、保护层等对锈蚀速度有着重要的影响。在周围相对湿度为 75%、温度为 20 ℃这种典型环境下,水灰比、保护层对钢筋锈蚀的影响规律如下[6.11]

$$i_{corr}(1) = \frac{37.8(1 - w/c)^{-1.64}}{c} \tag{6-1}$$

式中 $i_{corr}(1)$——初始锈蚀速度;

w/c——水灰比;

c——保护层厚度。

然而,此模型仍还有很多问题需要解决,其他影响因素,如周围环境的温度、湿度等对整个腐蚀过程的影响如何还需要进一步的探讨。但可以认为,在结构混凝土未开裂前,钢筋腐蚀电流密度的峰值表现为一个综合的随机变量,受水灰比、混凝土保护层厚度、外界环境温度、相对湿度、介质浓度以及接触条件等多个随机变量的影响,即

$$i_{corr}(1)_{max} = X(x_1, x_2, \cdots, x_i) \tag{6-2}$$

式中 x_i——水灰比、混凝土保护层厚度、外界环境温度、相对湿度、介质浓度以及接触条件等随机变量。

在结构混凝土开裂前,当锈蚀发生后,由于钢筋表面的锈蚀产物阻碍了铁离子从钢筋表面的扩散,锈蚀速度将随时间的增长而呈现减慢的趋势,并最终趋于稳定。Liu 和 Weyers[6.12]利用相关试验数据建立了腐蚀发生后的速率与时间之间的关系,其相应的腐蚀速率模型为

$$i_{corr}(t_p) = i_{corr}(1) \times 0.85 t_p^{-0.29} \tag{6-3}$$

式中 t_p——钢筋开始锈蚀之后的某时刻。

应该指出的是,由于结构混凝土开裂后,受腐蚀钢筋周围各类环境条件的变化,钢筋腐蚀速率的变化将会有所不同。因此,式(6-3)所建立的腐蚀速率模型仅适用于结构混凝土未开裂前的腐蚀过程。

当钢筋锈蚀产物所产生的锈胀力达到一定数值时,混凝土表面将开裂。而混凝土开裂时间 t_{cr}则主要受腐蚀产物量、钢筋直径、混凝土抗拉强度及保护层厚度等因素的影响,即

$$t_{cr} = f(x_1, x_2, \cdots, x_i) \tag{6-4}$$

式中 x_i——腐蚀产物量、钢筋直径、混凝土抗拉强度及保护层厚度等因素。

文献[6.13]基于现场试验结果,给出了混凝土开裂时间 t_{cr}的统计模型,即

$$t_{cr} = \frac{Q_{cr}}{i_{corr}} \tag{6-5}$$

其中
$$Q_{cr} = 0.602d\left(1+\frac{2c}{d}\right)^{0.85}$$

式中　Q_{cr}——钢筋腐蚀产物量；

i_{corr}——单位时间的钢筋腐蚀电流密度；

d——钢筋直径；

c——混凝土保护层厚度。

可以看到，该模型并未考虑结构混凝土的抗拉强度，其使用仍需进一步的试验验证。

综上所述，当结构混凝土中钢筋表面集聚足够的氯离子使钢筋开始锈蚀，钢筋的腐蚀速率将在很短的时间内达到一定的峰值，如式(6-2)所示。由于缺乏足够的试验检测数据，因此可近似假定 $i_{corr}(1)_{max}$ 为钢筋的初始腐蚀电流密度，而将结构混凝土开裂前的腐蚀过程近似理解为随时间的增长而呈现减慢的趋势，并最终趋于稳定。

实际上，在混凝土开裂前，在某一时刻 $t_1(t_0 \leqslant t_1 \leqslant t_{cr})$，钢筋的腐蚀电流密度表现为一个综合的随机变量，受水灰比、混凝土保护层厚度、外界环境温度、相对湿度、介质浓度以及接触条件等多个随机变量的影响，即

$$i_{corr}(t_1) = X(x_1(t_1), x_2(t_1), \cdots, x_i(t_1)) \tag{6-6}$$

式中　x_i——水灰比、混凝土保护层厚度、外界环境温度、相对湿度、介质浓度以及接触条件等随机变量。

根据数理统计的中心极限定理，可以近似假定钢筋的腐蚀电流密度在 t_1 时刻服从正态分布

$$f(i_{corr}(t_1)) = \frac{1}{\sqrt{2\pi}\sigma(i_{corr}(t_1))} \cdot e^{-\frac{[i_{corr}(t_1)-\mu(i_{corr}(t_1))]^2}{2\sigma(i_{corr}(t_1))^2}} \tag{6-7}$$

式中　$\sigma(i_{corr}(t_1))$、$\mu(i_{corr}(t_1))$——钢筋的腐蚀电流密度在 t_1 时刻的方差和均值。

也就是说，钢筋的腐蚀电流密度 $i_{corr}(t)$ 是一个正态随机过程。

对于确定的混凝土结构，在其正常的使用过程中，其所处的外界环境，若以年为单位，可以近似地认为环境的腐蚀性处于较稳定的状态；而在每年中，则有四季的变化。为简化计算，将年作为时间单位，而每年中四季或天气变化及已有损伤等对腐蚀电流密度变化情况的影响，可采用时段平均的方法获得，即

$$\mu_{i_{corr}}(t_1) = \frac{\sum_i \mu_{i_{corr}}(t_{1i}) \cdot y_{t_{1i}}}{\sum_i y_{t_{1i}}} \tag{6-8}$$

式中　$y_{t_{1i}}$、$\mu_{i_{corr}}(t_{1i})$——第 t_1 年中各个腐蚀电流密度较稳定的时段及其相应腐蚀电流密度均值。

如，当选用某时段且时段长为月时，可表示为

$$y_{t_{11}} = y_{t_{12}} = \cdots = y_{t_{112}} = 1, \sum_i y_{t_{1i}} = 12。$$

因此，若将一年$(365\ d = 60 \times 60 \times 24 \times 365(s))$作为一个时间单位时，则基于公

式(4-3)可得钢筋在结构混凝土开裂前,服役若干年后的平均腐蚀深度为

$$\overline{p}(N)=\int\frac{Mi_{\mathrm{corr}}(t)}{\rho zF}\mathrm{d}t=\frac{M}{\rho zF}\int i_{\mathrm{corr}}(t)\mathrm{d}t=1.147\,9\times10^{-3}\int_{0}^{N}i_{\mathrm{corr}}(t)\mathrm{d}t \tag{6-9}$$

式中　N——结构已服役年数。

考虑到钢筋混凝土结构腐蚀过程的特性(参见图 6-1),公式(6-9)可简化为

$$\begin{aligned}\overline{p}(t_1)&=\int\frac{Mi_{\mathrm{corr}}(t)}{\rho zF}\mathrm{d}t=1.147\,9\times10^{-3}\int_{t_0}^{t_1}i_{\mathrm{corr}}(t)\mathrm{d}t\\&=1.147\,9\times10^{-3}\sum_{j=t_0}^{t_1}i_{\mathrm{corr}}(j)\end{aligned} \tag{6-10}$$

其中,$t_0\leqslant t_1\leqslant t_{\mathrm{cr}}$。

应该注意的是,由于近似假定 $i_{\mathrm{corr}}(1)_{\max}$ 为钢筋的初始腐蚀电流密度,而将结构混凝土开裂前的腐蚀过程近似理解为随时间的增长而呈现减慢的趋势,并最终趋于稳定,$\mu_{i_{\mathrm{corr}}}$ 的变化规律(如式(6-3)所示)仍需进一步的试验验证。

6.1.2　混凝土开裂后的钢筋腐蚀速率模型

在结构混凝土由于锈胀力而产生开裂后,混凝土质量及其相关水灰比、保护层厚度等因素对钢筋腐蚀过程的影响将大大降低,钢筋的腐蚀电流密度是一个主要随使用时间、介质浓度、外界温度、相对湿度以及接触条件等因素的变化而发生改变的随机过程。在某时刻 t_2,钢筋的腐蚀电流密度表现为一个综合的随机变量,受 t_2 时刻外界环境温度、相对湿度、介质浓度以及接触条件等多个随机变量的影响,即

$$i_{\mathrm{corr}}(t_2)=X(x_1(t_2),x_2(t_2),\cdots,x_i(t_2)) \tag{6-11}$$

式中　$x_i(t_2)$——t_2 时刻外界环境温度、相对湿度、介质浓度以及接触条件等随机变量。

因此,可近似采用基于文献[6.6]的改进随机腐蚀模型来确定钢筋的平均腐蚀深度,即混凝土结构开裂后若干年 t_2 时,钢筋的平均腐蚀深度为

$$\begin{aligned}\overline{p}&=\int\frac{Mi_{\mathrm{corr}}(t)}{\rho zF}\mathrm{d}t=1.147\,9\times10^{-3}\int_{t_{\mathrm{cr}}}^{t_2}i_{\mathrm{corr}}(t)\mathrm{d}t\\&=1.147\,9\times10^{-3}\sum_{j=t_{\mathrm{cr}}}^{t_2}i_{\mathrm{corr}}(j)\end{aligned} \tag{6-12}$$

普通钢筋由于腐蚀而造成的屈服强度的变化率,可近似认为符合[6.14]

$$\gamma_{强}=1-(K+S\cdot\frac{D^2}{D_0^2}) \tag{6-13}$$

式中　K、S——试验常数。

值得注意的是,对于混凝土受弯构件而言,截面刚度的损失远大于截面抗力的损失。因此,适用性的要求可能在安全性要求还能得到满足的情况下已经得不到满足。

一般情况下,氯离子易引起结构混凝土中钢筋的局部坑蚀[6.15],其对钢筋所造成的损伤远大于均匀腐蚀。但由于相关理论、试验数据的缺乏,进一步的研究工作仍然是非常必要的。

6.2　受腐蚀混凝土结构的抗力分析

结构的可靠性，是指结构在规定的时间内，在规定的条件下，完成预定功能的能力。所谓预定的功能，是指安全性、适用性、耐久性。只有当结构的安全性、适用性和耐久性都得到了保证，才能称之为可靠的。结构在规定的时间内(设计基准期一般为 50 年或 100 年)，在规定的条件下，完成预定功能(承受施工与使用期内的各种作用)的概率，称之为结构的可靠度。

一般情况下，构件的可靠度通常受如荷载、材料强度、几何尺寸、计算公式的准确性等随机因素的影响。对结构构件抗力不定性起影响的主要因素有三方面：一是结构构件材料性能的不定性，二是结构构件几何参数的不定性，三是结构构件计算模式的不定性。在腐蚀环境下，由于周围环境中腐蚀性介质的作用，抗力的各影响因素其实都是与时间有关的随机变量，即随机函数。如钢筋的截面面积会由于腐蚀的作用随时间而逐步削减，其屈服强度会降低等。因此，在对上述三种主要影响因素进行分析时，必须基于腐蚀过程的特点，考虑其随时间变化的不定性。

对服役混凝土结构而言，若假定结构抗力 R 在使用期内各个时间截口的随机变量仍服从对数正态分布，则其抗力可表达为

$$R = K_P \cdot R_P = K_P \cdot R(f_{ji} \cdot a_i) \tag{6-14}$$

考虑到各种因素的不定性，有

$$R(t) = K_P(t) \cdot R[(f_{Ki} \cdot k_{0i} \cdot K_{Mi} \cdot \overline{p}) \cdot (K_{Ai}(t) \cdot a_{Ki} \cdot \overline{p} \cdot C_x(t))] \tag{6-15}$$

通过统计参数的计算，可得

$$\mu_{RP}(t) = R(\mu_{f_{ji}}(t), \mu_{a_i}(t)) \tag{6-16}$$

$$\sigma_{RP}(t) = \left[\sum_{i=1}^{n}\left(\frac{R_P(t)}{X_i(t)}\bigg|_{\mu}\right)^2 \cdot \sigma_{X_i}^2(t)\right]^{\frac{1}{2}} \tag{6-17}$$

$$\delta_{RP}(t) = \frac{\sigma_{RP}(t)}{\mu_{RP}(t)} \tag{6-18}$$

式中　X_i——有关变量 f_{ji}、a_i，$i=1,2,\cdots,n$。

当已知 K_P 统计参数随时间的变化情况时，则可求得抗力 R 的统计参数

$$X_R(t) = \frac{\mu_{KP}(t) \cdot \mu_{RP}(t)}{R_K} \tag{6-19}$$

$$\delta_R(t) = \sqrt{\delta_{KP}^2(t) + \delta_{RP}^2(t)} \tag{6-20}$$

【例 6-1】　求混凝土单筋矩形截面受弯构件抗力的统计参数。

已知：C30 混凝土 $f_{cmk}=22\ \mathrm{N/mm^2}$；20MnSi 钢筋 $f_{yk}=335\ \mathrm{N/mm^2}$，$\mu=0.015$。

考虑腐蚀前各随机变量的统计参数可查表得

$$\mu_{Kb}=1.0, \delta_b=0.02; \mu_{Kh_0}=1.0, \delta_{h_0}=1.0; \mu_{Kf_{cm}}=1.4, \delta_{f_{cm}}=0.19;$$

$$\mu_{KA_s(t_0)}=1.0, \delta_{A_s(t_0)}=0.03; \mu_{Kf_y(t_0)}=1.14, \delta_{f_y(t_0)}=0.08;$$

$$\mu_{KP}=1.0, \delta_{KP}=0.04; \mu(t_0)=0.015;$$

$$R=K_P \cdot R_P$$

单筋矩形截面受弯构件的计算公式

$$R_P = f_y \cdot A_s\left(h_0 - \frac{f_y \cdot A_s}{2bf_{cm}}\right)$$

考虑环境腐蚀影响后，结构中钢筋截面及屈服强度的统计参数将随时间发生相应的变化[1]。

$$f_y(t) = f_y(t_0) \cdot \left[K_E + S \cdot \frac{D^2}{(D-2\bar{p})^2}\right]$$

$$A_s(t) = A_s(t_0) \cdot \left(\frac{D-2\bar{p}}{D}\right)^2$$

设

$$C_W(t)=\frac{D^2}{(D-2\bar{p})^2}, F_W(t)=\left(\frac{D-2\bar{p}}{D}\right)^2$$

则可得

$$\mu(f_y(t)) = \mu_{f_y(t_0)} \cdot (K_E + S \cdot \mu_{C_W(t)})$$

$$\sigma^2(f_y(t)) = \left(\frac{\partial f_y(t)}{\partial f_y(t_0)}\right)^2_\mu \cdot \sigma^2_{f_y(t_0)} + \left(\frac{\partial f_y(t)}{\partial C_W(t)}\right)^2_\mu \cdot \sigma^2_{C_W(t)}$$

$$= (K_E + S \cdot \mu_{C_W(t)})^2 \cdot \sigma^2_{f_y(t_0)} + (S \cdot \mu_{f_y(t_0)})^2 \cdot \sigma^2_{C_W(t)}$$

$$\delta^2(f_y(t)) = \frac{\sigma^2(f_y(t))}{\mu^2(f_y(t))} = \delta^2_{f_y(t_0)} + \frac{(S \cdot \mu_{f_y(t_0)})^2 \cdot \sigma^2_{C_W(t)}}{\mu^2_{f_y(t_0)} \cdot (K_E + S \cdot \mu_{C_W(t)})^2}$$

$$\mu(A_s(t)) \approx \mu_{A_s(t_0)} \cdot \mu_{F_W(t)}$$

$$\sigma^2(A_s(t)) \approx \left(\frac{\partial A_s(t)}{\partial A_s(t_0)}\right)^2_\mu \cdot \sigma^2_{A_s(t_0)} + \left(\frac{\partial A_s(t)}{\partial F_W(t)}\right)^2_\mu \cdot \sigma^2_{F_W(t)}$$

$$= \mu^2_{F_W(t)} \cdot \sigma^2_{A_s(t_0)} + \mu^2_{A_s(t_0)} \cdot \sigma^2_{F_W(t)}$$

$$\delta^2(A_s(t)) = \frac{\sigma^2(A_s(t))}{\mu^2(A_s(t))} \approx \delta^2_{A_s(t_0)} + \delta^2_{F_W(t)}$$

$$R_P(t) = f_y(t) \cdot A_s(t) \cdot \left(h_0 - \frac{f_y(t) \cdot A_s(t)}{2bf_{cm}}\right)$$

截面配筋率

$$\mu(t) \approx \frac{\mu_{A_s(t)}}{\mu_b \cdot \mu_{h_0}}$$

设

[1] 这里，基于受弯构件的受力特点，主要考虑了钢筋截面及材料力学特性随时间的改变。

$$A_W(t)=\mu(t)\cdot\frac{\mu_{f_y(t)}}{\mu_{f_{cm}}}=\mu(t)\cdot\frac{\mu_{f_y(t_0)}\cdot\left(K_E+S\cdot\mu_{C_W(t)}\right)}{1.4\times 22}$$

$$=\mu(t)\cdot\frac{1.14\times 335\times\left(K_E+S\cdot\mu_{C_W(t)}\right)}{1.4\times 22}$$

$$=12.399\,4\times\mu(t)\cdot\left(K_E+S\cdot\mu_{C_W(t)}\right)$$

$$\approx 0.186\times\mu_{F_W(t)}\times\left(K_E+S\cdot\mu_{C_W(t)}\right)$$

$$\mu_{RP}(t)=\mu_{A_s(t)}\cdot\mu_{f_y(t)}\cdot\left(\mu_{h_0}-\frac{1}{2}\frac{\mu_{A_s(t)}\cdot\mu_{f_y(t)}}{\mu_b\cdot\mu_{f_{cm}}}\right)$$

$$=\mu_{A_s(t)}\cdot\mu_{f_y(t)}\cdot\mu_{h_0}\cdot\left(1-\frac{A_W(t)}{2}\right)$$

$$\sigma_{RP}^2(t)=\left(\frac{\partial R_P(t)}{\partial A_s(t)}\right)_\mu^2\cdot\sigma_{A_s(t)}^2+\left(\frac{\partial R_P(t)}{\partial f_y(t)}\right)_\mu^2\cdot\sigma_{f_y(t)}^2+\left(\frac{\partial R_P(t)}{\partial h_0}\right)_\mu^2\cdot\sigma_{h_0}^2+\left(\frac{\partial R_P(t)}{\partial b}\right)_\mu^2\cdot\sigma_b^2+\left(\frac{\partial R_P(t)}{\partial f_{cm}}\right)_\mu^2\cdot\sigma_{f_{cm}}^2$$

$$=\mu_{A_s(t)}^2\cdot\mu_{f_y(t)}^2\cdot\mu_{h_0}^2\cdot\left[(1-A_W^2(t))\left(\delta_{A_s(t)}^2+\delta_{f_y(t)}^2\right)+\frac{A_W^2(t)}{4}\left(\delta_b^2+\delta_{f_{cm}}^2\right)+\delta_{h_0}^2\right]$$

$$\delta_{RP}^2(t)=\frac{\sigma_{RP}^2(t)}{\mu_{RP}^2(t)}=\frac{1}{\left(1-\frac{A_W(t)}{2}\right)^2}\cdot\left[(1-A_W^2(t))\left(\delta_{A_s(t)}^2+\delta_{f_y(t)}^2\right)+\frac{A_W^2(t)}{4}\left(\delta_b^2+\delta_{f_{cm}}^2\right)+\delta_{h_0}^2\right]$$

$$x_R(t)=\frac{\mu_R(t)}{R_K}=\frac{\mu_{RP}(t)\cdot\mu_{KP}(t)}{R_K}\approx\frac{\mu_{KP}\cdot\mu_{A_s(t)}\cdot\mu_{f_y(t)}\cdot\mu_{h_0}\cdot\left(1-\frac{A_W(t)}{2}\right)}{A_{sk}f_{yk}h_{0k}\left(1-\frac{1}{2}\mu(t_0)\frac{f_{yk}}{f_{cmk}}\right)}$$

$$=\mu_{KP}\cdot\mu_{Kh_0}\cdot\mu_{KA_s(t_0)}\cdot\mu_{Kf_y(t_0)}\cdot\left(K_E+S\cdot\mu_{C_W(t)}\right)\cdot\mu_{F_W(t)}\frac{1-\frac{A_W(t)}{2}}{1-\frac{1}{2}\mu(t_0)\frac{f_{yk}}{f_{cmk}}}$$

$$=1.0\times 1.0\times 1.0\times 1.14\times\frac{1-\frac{A_W(t)}{2}}{1-\frac{1}{2}\times 0.015\times\frac{335}{22}}\cdot\left(K_E+S\cdot\mu_{C_W(t)}\right)\cdot\mu_{F_W(t)}$$

$$=1.286\,978\,833\times\left(1-\frac{A_W(t)}{2}\right)\cdot\left(K_E+S\cdot\mu_{C_W(t)}\right)\cdot\mu_{F_W(t)}$$

$$\delta_R(t)=\sqrt{\delta_{KP}^2(t)+\delta_{RP}^2(t)}$$

【例 6-2】 求混凝土轴心受压构件抗力的统计参数。

已知:C20 混凝土 $f_{ck}=13.5\ \text{N/mm}^2$,16Mn 钢筋 $f_{yk}=335\ \text{N/mm}^2$;

截面尺寸:$b_k=20$ cm,$h_k=40$ cm;纵筋配筋率:$\mu(t_0)=0.01$;纵向挠曲系数:$\varphi=1$;

考虑腐蚀前各随机变量的统计参数查表可得

$$\mu_{Kf_c}=1.66,\delta_{f_c}=0.23;\mu_{Kf_y(t_0)}=1.10,\delta_{f_y(t_0)}=0.08;$$

$$\mu_{KA_s(t_0)}=1.0,\delta_{A_s(t_0)}=0.03;\mu_{Kh}=\mu_{Kb}=1.0,\delta_h=\delta_b=0.02;$$

$$\mu_{KP}=1.0,\delta_{KP}=0.05$$

计算公式为

$$R_P=f_c\cdot b\cdot h+f_yA_s$$

考虑环境腐蚀影响后,结构中钢筋截面及屈服强度的统计参数将随时间发生相应的变化。

$$f_y(t)=f_y(t_0)\cdot\left[K_E+S\cdot\frac{D^2}{(D-2\overline{p})^2}\right]$$

$$A_s(t)=A_s(t_0)\cdot\left(\frac{D-2\overline{p}}{D}\right)^2$$

设

$$C_W(t)=\frac{D^2}{(D-2\overline{p})^2},F_W(t)=\left(\frac{D-2\overline{p}}{D}\right)^2$$

则据例 6-1 可得

$$\mu(f_y(t))=\mu_{f_y(t_0)}\cdot\left(K_E+S\cdot\mu_{C_W(t)}\right)$$

$$\sigma^2(f_y(t))=\left(K_E+S\cdot\mu_{C_W(t)}\right)^2\cdot\sigma^2_{f_y(t_0)}+\left(S\cdot\mu_{f_y(t_0)}\right)^2\cdot\sigma^2_{C_W(t)}$$

$$\delta^2(f_y(t))=\delta^2_{f_y(t_0)}+\frac{\left(S\cdot\mu_{f_y(t_0)}\right)^2\cdot\sigma^2_{C_W(t)}}{\mu^2_{f_y(t_0)}\cdot\left(K_E+S\cdot\mu_{C_W(t)}\right)^2}$$

$$\mu(A_s(t))\approx\mu_{A_s(t_0)}\cdot\mu_{F_W(t)}$$

$$\sigma^2(A_s(t))\approx\mu^2_{F_W(t)}\cdot\sigma^2_{A_s(t_0)}+\mu^2_{A_s(t_0)}\cdot\sigma^2_{F_W(t)}$$

$$\delta^2(A_s(t))=\delta^2_{A_s(t_0)}+\delta^2_{F_W(t)}$$

考虑腐蚀影响后,结构混凝土截面将随时间发生相应的变化[1]。因此,服役混凝土轴心受压构件的抗力统计参数为

$$\begin{aligned}\mu_{RP}(t)&=\mu_{f_c}\cdot\mu_b(t)\cdot\mu_h(t)+\mu_{f_y(t)}\cdot\mu_{A_s(t)}\\&=1.66\times13.5\times\mu_b(t)\times\mu_h(t)+1.10\times335\times\left(K_E+S\cdot\mu_{C_W(t)}\right)\times\mu_{A_s(t)}\cdot\mu_{F_W(t)}\\&=22.41\times\mu_b(t)\times\mu_h(t)+294\ 800\times\left(K_E+S\cdot\mu_{C_W(t)}\right)\cdot\mu_{F_W(t)}\end{aligned}$$

$$\begin{aligned}\sigma^2_{RP}(t)=&\mu^2_b(t)\cdot\mu^2_h(t)\cdot\sigma^2_{f_c}+\mu^2_{f_c}\cdot\mu^2_b(t)\cdot\sigma^2_h(t)+\mu^2_{f_c}\cdot\mu^2_h(t)\cdot\sigma^2_b(t)+\\&\mu^2_{A_s(t)}\cdot\sigma^2_{f_y(t)}+\mu^2_{f_y(t)}\cdot\sigma^2_{A_s(t)}\end{aligned}$$

令

$$C(t)=\frac{\mu_{A_s(t)}}{\mu_b(t)\cdot\mu_h(t)}\cdot\frac{\mu^2_{f_y(t)}}{\mu_{f_c}}=\frac{\mu_{A_s(t_0)}\cdot\mu_{F_W(t_1)}}{\mu_b(t)\cdot\mu_h(t)}\cdot\frac{1.10\times335\times\left(K_E+S\cdot\mu_{C_W(t)}\right)}{1.66\times13.5}$$

[1] 为安全计,仅考虑其截面的损失对竖向承载力的影响。

$$= 13\,154.84 \times \frac{\mu_{F_{W(t)}} \cdot \left(K_E + S \cdot \mu_{C_{W(t)}}\right)}{\mu_b(t) \cdot \mu_h(t)}$$

则简化可得

$$\delta_{RP}^2(t) = \frac{\delta_{f_c}^2 + \delta_b^2(t) + \delta_h^2(t) + C^2(t) \cdot \left(\delta_{f_y(t)}^2 + \delta_{A_s(t)}^2\right)}{(1 + C(t))^2}$$

可得

$$\delta_R(t) = \sqrt{\delta_{KP}^2(t) + \delta_{RP}^2(t)}$$

$$x_R(t) = \frac{\mu_R(t)}{R_K} = \frac{\mu_{KP}(t) \cdot \mu_{RP}(t)}{R_K}$$

$$= \frac{22.41 \times \mu_{KP}(t) \times \mu_b(t) \times \mu_h(t) + 294\,800 \times \left(K_E + S \cdot \mu_{C_{W(t)}}\right) \cdot \mu_{F_{W(t)}}}{13.5 \times 200 \times 400 + 335 \times 200 \times 400 \times 0.01}$$

$$= \frac{22.41 \times \mu_{KP}(t) \times \mu_b(t) \times \mu_h(t) + 294\,800 \times \left(K_E + S \cdot \mu_{C_{W(t)}}\right) \cdot \mu_{F_{W(t)}}}{1\,348\,000}$$

从以上推导可知，在腐蚀性环境下，结构构件的抗力均值及方差将由于周围环境中腐蚀性介质的作用，随着时间的改变而发生变化，为一个随机的过程。抗力 R 的统计参数 $x_R(t)$、$\delta_R(t)$为结构已使用时间 t 及钢筋去钝时间 t_0 的函数。其中 $t_0 \leqslant t \leqslant T$。钢筋的腐蚀速率模型及混凝土的腐蚀模型可根据结构在某 t_1 时刻的实际检测结果确定。

6.3　受腐蚀混凝土结构的可靠性分析[6.6,6.16]

结构的各类损伤都是从局部开始的，因此评估结构构件的可靠性是评估整个结构可靠性的前提。而结构构件可能具有多种失效模式，如对混凝土受弯构件来说，有正截面、斜截面、剪切破坏和锚固破坏等几种破坏模式。不同的约束条件可能有安全性条件、适用性条件以及耐久性条件。

这些不同的破坏模式和约束条件也具有失效相关性，但与结构系统中构件间的失效相关性不同，尽管有时某些功能函数或约束方程可能得到满足，但只要有一个功能函数或约束函数不等式遭到破坏，构件即破坏。也就是说，构件某一功能函数或约束函数被破坏，发生某种失效破坏时，构件的其他功能函数仍有效的概率应该为零。因此，对于结构构件，可以近似采用失效模式全相关假设。

构件失效模式全相关假设：构件失效时，构件最严重失效模式所对应的功能函数或约束首先被破坏；或构件失效时，最严重失效模式首先为真。

由概率理论可知，对于腐蚀环境下的混凝土结构构件，其可靠性的求解涉及到结构构件各失效模式间的相关性问题，难度较大。因此，实际求解时，根据腐蚀环境下混凝土结构的腐蚀破坏特点，可采用最弱单元假设，确定其最严重失效模式，将失效相关性结构系统可靠度的求解问题转化为求解最弱单元可靠度问题，使计算得到简化。

最弱单元假设：服役结构系统可靠性失效时，系统内可靠度最低的单元首先失效；也即可靠度相对较低的单元满足要求时，可靠度较高的单元一定亦能满足要求。

在该假设下，将结构系统中各单元按其可靠度值的大小，进行正序排列，则显然有

$$P\{V_i \mid V_{i-1}V_{i-2}\cdots V_1\} = 1 \tag{6-21}$$

即

$$P(Z \geqslant 0) = P\{V_1\} = \min_{i=1}^{n}\{V_i\} \tag{6-22}$$

这时,结构系统可靠度的求解问题就偏安全地转化为求解最弱单元(构件)最严重失效模式的失效概率问题。对于腐蚀环境下的混凝土结构,结构的可靠性将因为外界腐蚀性介质的作用,随时间的改变而发生变化,而对应于结构系统的最弱单元(构件)以及相应的最严重失效模式也将随时间的改变而有所不同。

考虑后续使用期内荷载效应的变化及由于各种因素造成的抗力随时间的衰减,为简化计算,可将设计基准期划分为多个区间 τ,在每一个区间 τ 内,抗力取该区间内抗力随机变量的最小值,荷载效应取该区间内荷载效应随机变量的最大值,然后即可采用一次二阶矩计算其可靠性指标,并以此为基础进行后续使用期内的动态可靠性分析。

对于荷载效应,为了简化计算,可将设计基准期划分为多个时间区间 τ,在每一个时间区间 τ 内,荷载效应取该区间内荷载效应随机变量的最大值。其中,若可变荷载服从极值Ⅰ型分布,时段 τ 内的各个特征值均可以统计出来,则时段 τ 内荷载极大统计值与设计基准期 T_D 内的荷载极大统计值的关系如下

$$\mu_{Q_{T_D}} = \mu_{Q_T} + \ln\left(\frac{T_D}{\tau}\right)/\alpha \tag{6-23}$$

$$\sigma_{Q_{T_D}} = \sigma_{Q_T} \tag{6-24}$$

其中

$$\alpha = \frac{\pi}{\sqrt{6}\sigma_{Q_T}}$$

式中 μ_{Q_T}、σ_{Q_T}——时段 τ 内的平均值和方差;

$\mu_{Q_{T_D}}$、$\sigma_{Q_{T_D}}$——设计基准期 T_D 内的平均值和方差。

因此,服役混凝土结构的可靠性极限状态方程可表示为

$$Z_{min} = \min(R(t) - S(t)) \tag{6-25}$$

进一步简化可得

$$Z_{min}(\tau) = R_{min}(\tau) - S_{max}(\tau) \tag{6-26}$$

在求解服役结构系统在未来使用期内的失效概率时,必须在分析结构已使用阶段外界环境对结构腐蚀影响的基础上,结合通过某 t_1 时刻实际检测所获得的结构抗力及荷载效应的部分信息,动态地考虑在预定的后续使用期内,抗力均值函数及方差函数的变化情况,并基于预定后续使用期内的荷载效应危险性分析,合理确定结构系统的最弱单元及相应的最严重失效模式,对其失效概率进行求解,即

$$P_f(t) = P(R_{min}(t) - S_{max}(t, T) < 0) \tag{6-27}$$

其中,$t_1 \leqslant t \leqslant T$。

若不考虑结构维修,则可基于服役混凝土结构的动态可靠性分析,较为方便地对腐蚀环境下混凝土结构的剩余寿命进行预测。即在后续使用期内某一时间点 $t(t_1 \leqslant t \leqslant T)$,若

$$\beta(t) < [\beta] \tag{6-28}$$

则认为结构达到其实际剩余使用寿命，而相应的时间段 $t_s = t - t_1$ 则称为结构的实际剩余使用寿命。

参考文献

[6.1]　张誉，等. 混凝土结构耐久性概论. 上海：上海科学技术出版社，2003. 4～5

[6.2]　贡金鑫，赵国藩. 钢筋混凝土结构耐久性研究的进展. 工业建筑，2000，30(5)：1～5

[6.3]　赵卓，等. 受氯化物腐蚀钢筋混凝土结构的腐蚀检测与评价. 建筑结构，2000，30(12)：20～22

[6.4]　马亚丽，等. 海湾钢筋混凝土桥梁结构的腐蚀及控制研究. 河南科学，2001，19(3)：254～257

[6.5]　赵卓，马亚丽，李锋. 氯离子环境下钢筋腐蚀速度分阶段模型. 工业建筑，2005，35(382)：1～4

[6.6]　赵卓，等. 腐蚀混凝土结构的随机腐蚀损伤. 中国港湾建设，2001(1)：23～25，30

[6.7]　周履. 桥梁耐久性发展的历史与现状. 桥梁建设，2000(4)：58～61

[6.8]　Tutti K. Corrosion of Steel in Concrete. Swedish cement and concrete Research Institute Report. Stockholm, 1982

[6.9]　张德峰，等. 现代预应力混凝土结构耐久性的研究现状及其特点. 工业建筑，2000，30(11)：1～4

[6.10]　金伟良，赵羽习. 混凝土结构耐久性. 北京：科学出版社，2002. 93～96

[6.11]　Stewart MG, Vu KAT. Structural reliability of concrete bridges including improved chloride - induced corrosion models. Structural Safety，2000(22)：313～333

[6.12]　Liu T, Weyers R E. Modeling the dynamic corrosion process in chloride contaminated concrete structures. Cement and Concrete Research，1998，28(3)：365～379

[6.13]　Youping Liu. Modeling the Time-to-Corrosion Cracking of the Cover Concrete in Chloride Contaminated Reinforced Concrete Structures，Dissertation submitted to the Faculty of the Virginia Polytechnic Institute and State University in partial fulfillment of the requirements for the degree of Doctor of Philosophy in Civil Engineering，October 21, 1996，Blacksburg, Virginia

[6.14]　赵卓. 受腐蚀钢筋混凝土结构的可靠性检测诊断与控制维修决策：[学位论文]. 哈尔滨：哈尔滨建筑大学，1998

[6.15]　洪定海. 混凝土中钢筋的腐蚀与防护. 北京：中国铁道出版社，1998

[6.16]　王光远. 工程软设计理论. 北京：科学出版社，1992

第 7 章 基于耐久性的混凝土结构优化设计

常规的结构设计,如果不考虑结构所处周围环境中有害介质的作用,可能会使所设计的结构在未达到设计使用寿命之前就已经破坏,造成巨大的经济损失,如四川省宜宾市南门大桥的垮塌。因此,在结构的设计中,必须对结构的耐久性因素加以重视,即不仅应保证结构在建成时安全,还应在动态考虑结构所处环境对结构的侵蚀性及使用条件的变化等因素的基础上,保证结构在使用寿命内的安全。这样就要求在结构设计阶段,动态地考虑结构的耐久性在使用期内的变化情况,使结构设计更趋于合理。

然而,由于环境及使用条件变化的复杂性,在进行结构设计时,若考虑结构在使用过程中耐久性的要求,精确的计算分析往往难以实现,通常在很大程度上依赖于方案设计人员的认识,这给结构方案的设计带来很大的盲目性,而结构方案的优劣,则直接影响到结构的优劣及设计使用寿命内的正常使用。因此,我们通过引入结构优化设计的思想,基于结构耐久性,在满足设计功能要求的前提下,对包括结构选型、主要几何尺寸、材料种类、施工方案、环境及使用条件的变化等在内的各种参数进行细致的优选及优化设计工作,以选择更为合理的结构方案,保证结构在设计使用寿命内的正常安全使用,且具有良好的技术经济指标。

7.1 结构方案选型及优化设计的数学模型

针对混凝土结构(或构件),其结构设计应满足以下基本要求:

(1)构件应有足够的强度,以满足构件达到承载能力极限状态时具有一定的安全储备,即结构或构件在最不利的工况条件下的最大抗力。

(2)在施工阶段和正常使用阶段,结构构件的应力(混凝土的正截面应力、斜截面应力、预应力钢筋的应力等)、变形都不超过规定的限值。

(3)设计的技术经济合理性。结构设计的技术经济合理主要包括两个方面:技术合理主要指技术和施工的合理可行性;经济合理则指不仅要考虑结构的一次性建造成本,也应考虑结构在预计设计使用寿命内的维护费用。

下面我们将详细讨论混凝土结构的设计变量、约束条件和目标函数,然后建立基于耐久性的经济选型和优化设计的数学模型。

7.1.1 设计变量

对于混凝土结构而言,根据物理意义的不同,设计变量一般可分为决定结构类型的拓扑变量、决定材料种类的材料变量、决定结构形状的形状变量和确定结构构件断面几何特征的尺寸变量四大类。

7.1.1.1 拓扑变量和形状变量

为简化优化设计模型,可将描述结构类型的变量和决定结构形状的形状变量等统一

用拓扑变量 s 来描述

$$s_i \in S \tag{7-1}$$

其中，$S=\{s_1, s_2, \cdots, s_n\}$为结构拓扑变量的所有可能的集合，代表在编制结构设计方案时，根据工程具体情况及设计经验，对所设计的结构拟采用的各种可能设计方案的总汇。n 是可能方案的个数，拓扑变量集合 S 的下标集合为$N=\{1,2,\cdots,n\}$，当 $s=s_i, i\in N$ 时，就表明此时的结构类型、断面形状、跨数与跨度由方案 s_i 代表，即

$$s=\begin{cases} s_1(\text{结构方案 }1) \\ s_2(\text{结构方案 }2) \\ \vdots \\ s_n(\text{结构方案 }n) \end{cases} \tag{7-2}$$

7.1.1.2　材料变量

对于一般混凝土结构，主要考虑三种结构材料：结构钢筋（普通钢筋和预应力钢筋）m_1，混凝土强度等级 m_2，其他材料（如预应力锚具种类等）m_3。对于拉索结构（如斜拉桥和悬索桥等），还应考虑缆索材料变量 m_4。因此，结构的材料变量可以表示为

$$\overline{M} = \{m_1, m_2, m_3, m_4\} \tag{7-3}$$

其中，当 m_1 的取值给定时，表明结构钢筋的弹性模量、抗拉强度、抗压强度等各项材料性能指标均已给定。当 m_2 的取值给定时，表明结构混凝土的弹性模量、抗压强度、抗拉强度、泊松比及收缩徐变等各项混凝土的材料力学性能指标均已给定。

应该注意的是，在选择预应力锚具时，应注意与预应力钢筋的配套及局部承压等条件的满足。

7.1.1.3　尺寸变量

尺寸变量 $\overline{X}$ 一般指描述各构件断面几何特征的设计参数，如梁宽、梁高、板厚、截面面积、惯性矩、普通钢筋用量等。对于预应力混凝土结构构件，在方案设计阶段，对于某种特定的结构方案，即拓扑变量已知的情况下，材料变量及尺寸变量可以大致根据经验确定，结构优化的过程主要是通过调整预应力体系设计变量，在满足约束条件的前提下，找出满意的结构设计方案。

7.1.1.4　预应力体系变量

一般情况下，预应力体系变量 $\overline{Y}$ 主要指预应力体系（体内、体外、有粘结、无粘结等）、预应力施工工艺、预应力控制方式（单向、双向或三向预应力）、预应力度控制和预应力钢筋用量及其布置等方面的设计控制参数。其中，预应力钢筋用量是控制预应力混凝土结构主要工程数量的重要因素之一。

应该注意的是，对于体内布束的预应力混凝土结构，截面尺寸变量和预应力钢筋用量及其布置是相互关联的。截面尺寸越大，则抵抗外荷载所需要的预应力钢筋用量越少，但截面的加大，导致结构自重的加大，因而也增加了抵抗自重所需的预应力钢筋数量；截面尺寸越大，则预应力钢筋在结构断面上的锚固或通过的布置相对简单，但由于自重的加大，预应力钢筋用量加大，截面尺寸变小，自重降低，预应力钢筋用量减少，但预应力钢筋在结构断面上的布置相对困难。

7.1.2　约束条件

一个可用的混凝土结构方案设计，必须满足一系列的约束条件，这些条件主要体现在以下几个方面：

(1)结构静力分析中的平衡方程、变形协调条件和动力分析中的运动方程等，它们都是等式约束，可表达为

$$f_K(\overline{x}) = 0 \qquad (K = 1,2,\cdots,k) \tag{7-4}$$

实际上，上述约束就是所谓结构分析，在优化设计中，可将其分离出来，采用数值有限元分析的方法进行计算，并将计算所得出的内力和变形结果代入其他约束条件。

(2)性态约束和几何约束。混凝土结构(或构件)必须满足一定的强度条件、应力约束条件、刚度(变形、裂缝)条件和结构构件截面的几何尺寸限制。这就是所谓的性态约束和几何约束条件。

以全预应力混凝土受弯构件为例，其主要的性态约束和几何约束条件可以表达如下。

承载能力极限状态：

正截面抗弯

$$\gamma_0 M_d \leqslant f_{cd}bx\left(h_0 - \frac{x}{2}\right) + f_{sd}'A_s'(h_0 - a_s') + (f_{pd}' - \sigma_{po}')A_p'(h_0 - a_p') \tag{7-5}$$

$$f_{sd}A_s + f_{pd}A_p = f_{cd}bx + f_{sd}'A_s' + (f_{pd}' - \sigma_{po}')A_p' \tag{7-6}$$

受压区高度

$$\begin{cases} x \leqslant \xi_b h_0 \\ x \geqslant 2a' \text{ 或 } x \geqslant 2a_s' \end{cases} \tag{7-7}$$

斜截面抗剪

$$\gamma_0 V_d \leqslant V_{cs} + V_{sb} + V_{pb} \tag{7-8}$$

正常使用极限状态(未考虑施工阶段)：

正应力验算

$$\begin{cases} \sigma_{y上} + \dfrac{M_{\min}}{W_{上}} \geqslant 0 \\ \sigma_{y下} - \dfrac{M_{\max}}{W_{下}} \geqslant 0 \\ \sigma_{y上} + \dfrac{M_{\max}}{W_{上}} \leqslant [\sigma_W] \\ \sigma_{y下} - \dfrac{M_{\min}}{W_{下}} \leqslant [\sigma_W] \end{cases} \tag{7-9}$$

主应力验算

$$\begin{cases} \sigma_{zl} = \dfrac{\sigma_{hx} + \sigma_{hy}}{2} - \sqrt{\left(\dfrac{\sigma_{hx} - \sigma_{hy}}{2}\right)^2 + \tau_h^2} \leqslant [\sigma_{zl}] \\ \sigma_{za} = \dfrac{\sigma_{hx} + \sigma_{hy}}{2} + \sqrt{\left(\dfrac{\sigma_{hx} - \sigma_{hy}}{2}\right)^2 + \tau_h^2} \leqslant [\sigma_{za}] \end{cases} \tag{7-10}$$

挠度：

$$f_{\max} \leqslant [f] \tag{7-11}$$

(3)耐久性约束。在以往的大部分混凝土结构方案设计中，未充分考虑结构的耐久性要求，即保证结构在建成后，在设计预定的使用期内，能够满足正常使用功能的要求。造成这种现象的主要原因是未充分考虑结构在使用过程中，由于使用环境及条件的变化而造成的结构损伤所引起的可靠度指标的降低。其约束条件可表达如下

$$\beta(t) \geqslant [\beta] \tag{7-12}$$

式中　t——结构使用时间，$0 \leqslant t \leqslant T$，$T$ 为结构的设计基准期；

$[\beta]$——相关规范规定或保证结构正常使用所需要的可靠度指标。

7.1.3　目标函数

对于一般混凝土结构而言，造价低、材料省的设计都应该是满意的设计，但在工程实践中有时当其他技术指标或使用要求上升为主要矛盾时，就需要放弃单独对经济的追求。因此，当选取混凝土结构的优化设计目标时，应根据设计所面临的关键问题，分清主次，选用单目标或多目标来进行优化以求得满意解。

1)最低造价目标函数

在这里，最低造价包含两个部分：第一部分为结构的建造费用 C_{rs}，第二部分为结构在设计使用期内的维护或维修加固费用 C_{rc}。因此，混凝土结构的总造价应为

$$C_f = C_{rs} + C_{rc} \tag{7-13}$$

2)其他目标函数

对于其他使用要求或牵涉施工等方面的指标，可以设立一个综合指标 C_v 来统一近似评价。这一部分的工作可以通过专家咨询、模糊综合评判或加权平均统计的方法来确定相应的 C_v 指标水平，并作为目标函数之一参与优化设计。

7.1.4　基于耐久性的结构优化设计模型

综合上述可知，所确定的问题是一个典型的多目标非线性规划问题，其数学模型如下所示。

求　$s_i, \overline{M}, \overline{X}, \overline{Y}$

使　$C_f = C_{rs} + C_{rc} \to \min \qquad C_v \to \max$　　(7-14)

满足

$$f_K(\overline{x}) = 0 \qquad (K = 1, 2, \cdots, k) \tag{7-15}$$

承载能力极限状态：

正截面抗弯

$$\gamma_0 M_d \leqslant f_{cd} bx\left(h_0 - \frac{x}{2}\right) + f_{sd}' A_s'(h_0 - a_s') + (f_{pd}' - \sigma_{p0}')A_p'(h_0 - a_p')$$

$$f_{sd} A_s + f_{pd} A_p = f_{cd} bx + f_{sd}' A_s' + (f_{pd}' - \sigma_{p0}')A_p'$$

受压区高度

$$\begin{cases} x \leqslant \xi_b h_0 \\ x \geqslant 2a' \text{ 或 } x \geqslant 2a_s' \end{cases}$$

斜截面抗剪

$$\gamma_0 V_d \leqslant V_{cs} + V_{sb} + V_{pb}$$

正常使用极限状态(未考虑施工阶段):

正应力验算

$$\begin{cases} \sigma_{y上} + \dfrac{M_{\min}}{W_上} \geqslant 0 \\ \sigma_{y下} - \dfrac{M_{\max}}{W_下} \geqslant 0 \\ \sigma_{y上} + \dfrac{M_{\max}}{W_上} \leqslant [\sigma_W] \\ \sigma_{y下} - \dfrac{M_{\min}}{W_下} \leqslant [\sigma_W] \end{cases}$$

主应力验算

$$\begin{cases} \sigma_{zl} = \dfrac{\sigma_{hx} + \sigma_{hy}}{2} - \sqrt{\left(\dfrac{\sigma_{hx} - \sigma_{hy}}{2}\right)^2 + \tau_h^2} \leqslant [\sigma_{zl}] \\ \sigma_{za} = \dfrac{\sigma_{hx} + \sigma_{hy}}{2} + \sqrt{\left(\dfrac{\sigma_{hx} - \sigma_{hy}}{2}\right)^2 + \tau_h^2} \leqslant [\sigma_{za}] \end{cases}$$

$$f_{\max} \leqslant [f]$$

$$\beta(t) \geqslant [\beta]$$

上述所导出的考虑耐久性约束的预应力混凝土结构优化设计的数学模型,是一个多目标非线性数学规划问题,目前尚无可普遍采用的简单方法。当变量较少时,可采用穷举法;当变量个数较多时,可采用多阶段正交枚举的方法进行求解[7.1],这里不再赘述。

7.2 混凝土结构方案的耐久性评估

对处于特殊环境下的混凝土结构,应从设计阶段即开始加强对其结构耐久性的关注[7.2],而耐久性设计方案的合理选取是确保结构耐久性的前提和基础。在众多的耐久性设计方案中,如何优选出设计合理的方案,需要考虑多方面的因素。而这些因素大多具有模糊性和随机性,有些因素可以通过计算或实际检测得出,有些仅能给出定性的分析。基于此,可采用模糊综合评判的方法对混凝土结构设计方案的耐久性进行评估,该方法简单可行,综合考虑了各因素的共同作用,为设计方案的优选提供了理论依据。

以处于近海环境条件下的混凝土桥梁结构为例,根据其耐久性特点,可主要从以下两个方面进行:

(1)分析影响混凝土桥梁结构设计方案耐久性的因素。

(2)结构设计方案耐久性评估模型的建立。

7.2.1　影响桥梁耐久性设计方案的因素

影响混凝土结构耐久寿命的主要因素可分为以下几个方面[7.3]：

(1)结构的构造要求。如结构的保护层厚度，构件截面几何形状，钢筋间距、形式等。

(2)混凝土材料的特性。如氯离子扩散特性(扩散系数、临界氯离子浓度、混凝土内部初始氯离子含量或浓度)、所选用的水泥、骨料、外加剂、掺和料的种类和含量等。

(3)所处的环境条件。如环境的氯离子浓度、环境温度、湿度和暴露区域等。

在我国《海港工程混凝土结构防腐蚀技术规范》[7.4]中，详细规定了海水环境中有关防腐蚀耐久性设计和混凝土质量控制方面的有关内容，结合实际的工程应用，影响近海混凝土桥梁结构设计方案耐久性的主要因素分为以下几方面。

7.2.1.1　结构的设计形式及构造

为了减少侵蚀介质的聚集，构件的截面几何形状应简单、平顺，尽量减少棱角和突变，避免应力集中，对应力集中部位应采取特殊的防护措施，结构的表面形状应有利于排水和通风。

7.2.1.2　结构所处的环境

结构所处的工作环境不同，对不同部位的耐久性设计和防护方法就有很大的差别[7.5]。大量的统计资料表明，长期处于海洋环境下的结构，在不同的部位腐蚀不同，即使在同一部位，在不同的温度、气象、水文等环境条件下，腐蚀又会有所不同。而在不同的地区，由于海水的 pH 值、温度、含盐量、潮流等自然条件的不同，腐蚀情况也会有差别，因此制定防腐蚀措施时必须具体问题具体分析。JTJ275—2000 将海水环境暴露部位划分为四个区：大气区、浪溅区、水位变动区、水下区。

7.2.1.3　设计的保护层厚度

提高钢筋的设计保护层厚度是提高结构耐久寿命最直接、简单且经济有效的方法。钢筋的保护层一方面保证了混凝土与钢筋的有效粘结，另一方面杜绝钢筋与外界环境的接触。因此，保护层越厚，抵抗介质侵蚀的时间就越长，但结构的保护层厚度不能无限制的增加，当保护层厚度过大时会产生裂缝，反而使结构的耐久寿命降低。

在《海港工程混凝土结构防腐蚀技术规范》[7.4]中，对混凝土及预应力混凝土最小保护层厚度的要求见表 7-1。

表 7-1　钢筋混凝土保护层最小厚度　(单位：mm)

建筑物所处地区	大气区	浪溅区	水位变动区	水下区
北方	50	50	50	30
南方	50	65	50	30

7.2.1.4　设计水灰比

水灰比是控制混凝土结构耐久性的重要因素。通常，混凝土的水灰比越接近最低水灰比，混凝土的密实性就越高，抗渗性就越好，混凝土的抗腐蚀性能就越强。在《海港工程混凝土结构防腐蚀技术规范》中，除了对水灰比有严格要求外，还要求控制混凝土的胶凝材料总量。依据文献[7.6]所给出的水灰比与混凝土渗透性的关系,可给出相应的等级关系。

7.2.1.5 混凝土材料特性

选用的材料种类应避免各成分之间发生有害的化学反应,材料本身不应含有过量的有害物质,特别是砂、石等骨料中要严格限制氯离子含量,拌和水应使用不含有影响水泥正常凝结、硬化或促使钢筋锈蚀的水。在《海港工程混凝土结构防腐蚀技术规范》中,规定了在施工中应遵循的技术标准和要求。

7.2.1.6 抗氯离子渗透性

防止氯盐的渗透可通过许多方法予以解决,如提高混凝土强度、增大保护层的厚度、提高混凝土的密实性和保护钢筋表面,其中采用最多、效果最好、费用最低的是提高混凝土的密实性和抗氯盐渗透性,因此抗氯离子渗透性要求对于近海混凝土桥梁结构的耐久寿命极为重要。依据文献[7.6]所给出的氯离子扩散系数与混凝土渗透性的关系,可给出相应的等级关系(见表 7-2)。

表 7-2 混凝土的氯离子扩散系数、渗透性与其使用寿命的关系[7.6]

氯离子扩散系数(10^{-14} m²/s)	渗透性评价	海洋环境下不同保护层厚度的使用寿命(a)			参考混凝土种类	
		30 mm	45 mm	60 mm	水胶比	28 d 强度(MPa)
500～1 000	高	0～5	5～10	10～50	0.45～0.60	30～40
100～500	中	5～10	10～100	50～500	0.40～0.45	40～60
50～100	低	10～50	100～400	500～1 800	0.35～0.40	60～80
5～50	很低	50～300	400～2 400	>1 800	0.30～0.35	80～100
<5	可忽略	>300	>2 400	>2 400	<0.30	>100

7.2.1.7 混凝土的施工质量(养护和浇筑条件等)

良好的施工环境和施工质量是确保混凝土密实性和保护层厚度的重要手段,而适当的养护技术可以降低混凝土的渗透性,使水泥充分水化以增加其耐久性。在《海港工程混凝土结构防腐蚀技术规范》中,规定了高性能混凝土质量标准、耐久性要求的最低等级等一些质量要求见表 7-3,并且指出南方海港工程浪溅区混凝土按 A.S.T.M C-1201 标准测定的抗氯离子渗透性应不大于 2 000 C。

表 7-3 高性能混凝土质量标准

混凝土拌和物			标准硬化混凝土	
水胶比	胶凝物质总量(kg/m³)	坍落度(mm)	强度等级	抗氯离子渗透性(C)
≤0.35	≥400	≥140	≥C50	≤1 000

7.2.2 评估模型的建立

由于影响结构设计方案耐久性的因素相当复杂,且这些影响因素大多具有模糊性和随机性。基于上述考虑，将模糊综合评判方法应用于结构设计方案耐久性的评估，结构设计方案的耐久性等级是由其影响因素的状况和等级来确定的。

7.2.2.1　评估等级的确定

根据现有的统计资料和目前的结构耐久性研究状况，建议将结构的耐久性设计等级分为四级：$V=\{V_1, V_2, V_3, V_4\}$，即可分为很耐久、耐久、基本耐久和不耐久。

7.2.2.2　评估对象因素集的确定

基于影响近海混凝土桥梁结构设计耐久性的因素分析，其因素集可设为 $U=\{u_1, u_2, u_3, u_4, u_5, u_6, u_7\}$，其中 u_1、u_2、u_3、u_4、u_5、u_6、u_7分别代表结构的设计形式及构造、结构所处的环境、设计的保护层厚度、设计水灰比、混凝土材料特性（主要取混凝土材料中的氯离子含量）、抗氯离子渗透性、混凝土的施工质量。

7.2.2.3　隶属函数的确定

依据相关设计规范、施工规范、试验资料及实际工程经验，给出其中部分影响因素与耐久性设计状况之间的关系，如表 7-4 所示。

表 7-4　影响因素与耐久性设计等级的关系

影响因素	耐久性设计等级			
	很耐久	耐久	基本耐久	不耐久
设计的保护层厚度	>8	5～8	3.5～5	<3.5
设计水灰比	<0.35	0.35～0.40	0.40～0.45	>0.45
抗氯离子渗透性（氯离子扩散系数 10^{-12} m^2/s）	<0.5	0.5～1	1～5	>5

由于桥梁结构设计形式状况的指标分级和结构所处的环境区域很难进行定量描述，表 7-5 中给出各等级相应的定性描述，并据此给出等级向量。

表 7-5　影响因素与耐久性设计等级向量的关系

影响因素	等级向量 $V=\{V_1, V_2, V_3, V_4\}$			
	很耐久 (1.0,0,0,0)	耐久 (0,1.0,0,0)	基本耐久 (0,0,1.0,0)	不耐久 (0,0,0,1.0)
结构的设计形式	设计合理	基本合理	局部不甚合理	较不合理
结构所处的环境	温和（表面有防护，不直接暴露于露天或大气侵蚀条件下）	中等（混凝土长期浸泡在海水环境中）	恶劣（混凝土表面长期处于干湿循环交替条件下）	很恶劣（混凝土表面暴露于海水环境中）

依据设计的保护层厚度、水灰比、混凝土扩散系数与耐久等级的关系，按照模糊划分的原则确定其各自的隶属函数，如图 7-1～图 7-3 所示。

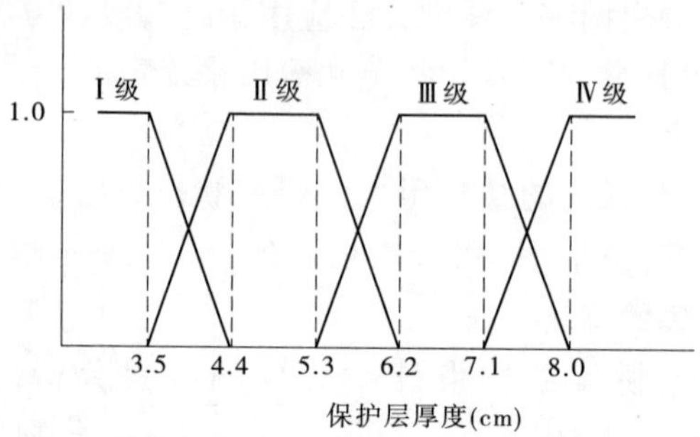

图 7-1　保护层厚度的分级隶属函数

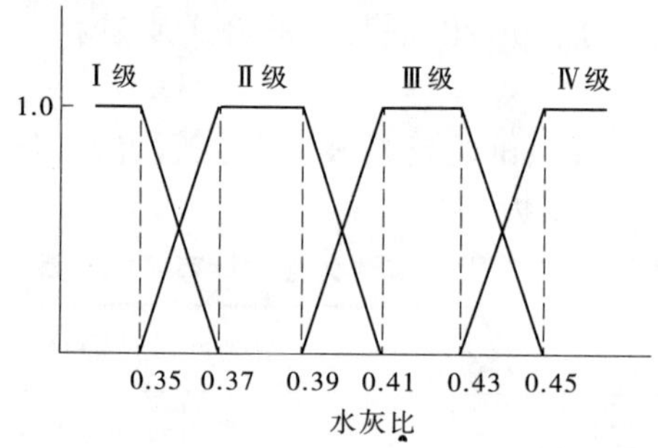

图 7-2　水灰比的分级隶属函数

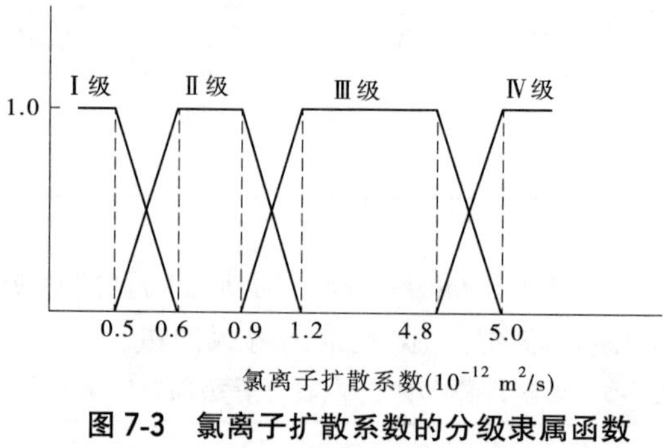

图 7-3　氯离子扩散系数的分级隶属函数

基于文献[7.7]，取游离氯离子占水泥质量的百分数作为表征混凝土特性的指标，按照模糊划分原则确定的隶属函数如图 7-4 所示。

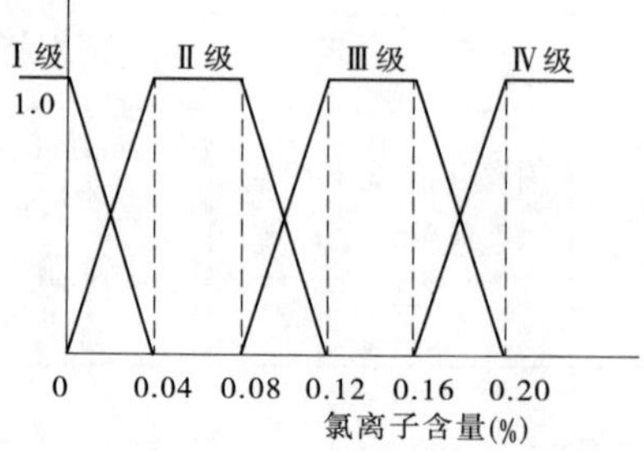

图 7-4　氯离子含量的分级隶属函数

基于文献[7.7],取混凝土实测强度与设计强度之比作为混凝土质量影响的分级指标,并按照模糊划分原则确定相应的隶属函数如图7-5所示。

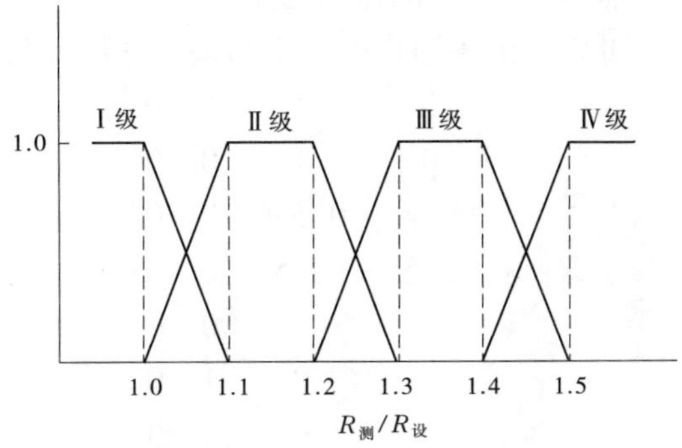

图7-5　混凝土质量的分级隶属函数

7.2.2.4　确定权重

$W=\{W_1,W_2,\cdots,W_7\}$为各因素的权重向量,各因素的权重取值依据其在耐久性设计中的重要性,并结合专家经验给出,且满足$\sum_{i=1}^{7}W_i=1$。

7.2.2.5　单因素评判,建立模糊关系矩阵 R

对所有因素按上述方法利用隶属函数评定,求出其模糊等级向量 R

$$R=\begin{bmatrix} r_{11} & r_{12} & r_{13} & r_{14} \\ r_{21} & r_{22} & r_{23} & r_{24} \\ \vdots & \vdots & \vdots & \vdots \\ r_{71} & r_{72} & r_{73} & r_{74} \end{bmatrix} \tag{7-16}$$

7.2.2.6　选择模糊合成算子,得到评估结果

将各模糊等级向量与按照本工程耐久性设计的特点所给出的权重向量,按照下式合成可以得到其相应的耐久性设计等级。

$$B=W\cdot R=[W_1,W_2,\cdots,W_7]\begin{bmatrix} r_{11} & r_{12} & r_{13} & r_{14} \\ r_{21} & r_{22} & r_{23} & r_{24} \\ \vdots & \vdots & \vdots & \vdots \\ r_{71} & r_{72} & r_{73} & r_{74} \end{bmatrix} \tag{7-17}$$

7.2.3　评估实例

将设计方案耐久性评估的分析方法应用于某座处于近海环境下的混凝土桥梁结构的设计方案,以验证耐久性评估方法的正确性和重要性。

依据各因素在耐久性设计中的重要性,确定本桥梁结构耐久性设计中各因素的权重向量为

$$W=\{W_1,W_2,\cdots,W_7\}=\{0.05,0.10,0.25,0.2,0.10,0.2,0.1\}$$

该桥梁结构的耐久性设计的各种指标为:截面几何形状较为简单、平顺,基本没有棱

角和应变,处于腐蚀不很恶劣的中等环境当中,设计的保护层厚度为 7.5 cm,设计水灰比为0.36,混凝土材料中的氯离子含量在 0.4% ～0.6%之间,混凝土扩散系数为 3.0× 10^{-12} m^2/s,混凝土实测强度与设计强度的比值为 1.15。

根据各自的隶属函数,可以得到各因素的评定结果,所以模糊关系矩阵为

$$R = \begin{bmatrix} 0 & 1 & 0 & 0 \\ 0 & 1 & 0 & 0 \\ 0.444 & 0.556 & 0 & 0 \\ 0.5 & 0.5 & 0 & 0 \\ 0 & 1 & 0 & 0 \\ 0 & 0 & 1 & 0 \\ 0 & 0 & 1 & 0 \end{bmatrix}$$

故该桥梁耐久性设计的评估结果为(0.211 0,0.489 0,0.3,0),按照最大隶属度原则可知,该设计方案所设计的桥梁结构是耐久的。

7.2.4　结论

根据模糊综合评估的方法,建立了近海环境下桥梁结构设计方案的耐久性评估模型。研究表明,应用模糊综合评判的方法来对结构设计方案的耐久性进行评估是可行的。该方法简单可行,综合考虑了各因素的共同作用,为设计方案的优选提供了理论依据。不足之处是耐久性评估方法的划分标准和权重分配仍需进一步完善,应针对不同工程的实际需要,做出进一步的调整。

参考文献

[7.1]　赵卓.化工环境下在役结构的可靠性评估:[学位论文].郑州:郑州工学院,1995

[7.2]　王东晖.杭州湾大桥混凝土结构防腐方案构思.铁道标准设计,2003,5:38～40

[7.3]　余红发,孙伟,等.混凝土使用寿命预测方法的研究Ⅲ——混凝土使用寿命的影响因素及混凝上寿命评价.硅酸盐学报,2002,30(6):696～701

[7.4]　JTJ275—2000　海港工程混凝土结构防腐蚀技术规范

[7.5]　马亚丽,于庆展,赵卓.海湾钢筋混凝土桥梁结构的腐蚀及腐蚀控制研究.河南科学,2001,19(3):253～257

[7.6]　廉慧珍,路新瀛.按耐久性设计高性能混凝土的原则和方法.建筑技术,2001,32(1):8～11

[7.7]　王有志,王广洋,任锋,等.桥梁的可靠性评估与加固.北京:中国水利水电出版社,2002

[7.8]　赵卓,贾桂琴,王晓阳.海洋环境下混凝土桥梁结构耐久性设计方案评估.河南科学,2006,24(3):403～408

第 8 章　混凝土结构的腐蚀控制及其维修决策

任何一个结构的建立，其目的都在于使相应结构物在预定的使用期内，在设计预定的使用条件下，完成人类所要求的各项功能。过去传统的设计方法往往是通过提高结构的刚度和强度，加大结构的安全储备，以完成上述任务。然而，对于腐蚀环境下的混凝土结构，其所处环境的腐蚀性在设计时往往是无法预先确定的。因此，单纯依靠设计时所提供的安全储备及有限的防护措施往往并不能保证结构在预定使用期内的正常使用。"目前更需要研究对已建成结构在服役期间进行跟踪的决策和控制的理论和方法，以保证结构经常处于良好的工作状态，满足人们各方面的需要。"[8.1]

对结构的跟踪控制主要表现在两个方面：一是对结构的振动性态的控制，称为结构控制；二是对结构维修进行理论、方法和措施的研究，称为结构维修理论。目前，结构控制主要应用于土木工程问题的以下几个方面：

(1)控制桥梁抗御移动荷载和风荷载所引起的过大变形和加速度。

(2)控制高的建筑物、桅杆、塔等结构抗御风力。

(3)控制建筑物抗御地震。

对于腐蚀环境下的混凝土结构，由于混凝土本身固有的多孔性而存在着宏观与微观的缺陷等原因，影响结构耐久性的主要问题是环境中腐蚀性介质对结构所造成的损伤，这种损伤是由于腐蚀性介质与结构材料之间发生复杂的化学及电化学反应而形成的。因此，我们提出通过物理、化学或电化学的方法来控制腐蚀反应的发生，以延长结构的使用寿命，满足各项功能要求的概念，我们将其称为服役结构的腐蚀控制。

8.1　混凝土结构腐蚀的消极控制和积极控制

前面已经谈到，服役结构的腐蚀控制指通过物理、化学或电化学的方法，通过改变结构材料的腐蚀特性、接触条件及反应条件等，来控制腐蚀反应的发生。由于控制方法原理及结构类型等的不同，有些方法在工作时不需要由外部输入能量，有些则需要输入能量。凡不需要输入能量的可称为消极腐蚀控制，需要输入能量的就称为积极腐蚀控制。在实际应用中，基于费用及控制效果等的考虑，一般可采用最优的组合方式，即在同一结构上采用两类控制方法。

服役混凝土结构的消极腐蚀控制不是一个新的问题，在设计时采用高性能混凝土、加大结构安全度储备(或保护层厚度)、采用某种形式的防腐涂层等，就是一定意义上的消极腐蚀控制。这种控制方法的主要特点是在使用过程中不需要外部输入的能量，但并不排除必要的结构或表面涂层的修补。消极腐蚀控制方法主要包括[8.2~8.5]：

(1)采用高性能混凝土。高性能混凝土具有高耐久性、良好的工作性能和高抗氯离子渗透性。通过矿物细掺和料和高效减水剂等的使用,水泥颗粒间及水泥与骨料的空隙得到了一定程度的填充,不仅使结构混凝土的强度得到提高,节约水泥材料用量,而且从一定程度上提高了混凝土的抗渗性能,减弱了氯离子对混凝土的渗透作用,从而延长了结构腐蚀所需的初始时间 t_0。与传统的混凝土相比,高性能混凝土在原材料上有两点不同:低水胶比和多组分。其目的是为了增加混凝土的密实程度,改善骨料和水泥浆体之间的界面性能,从而达到良好的耐久性。混凝土的耐久性明显取决于微观结构,尤其是浆体的孔隙率。正由于高性能混凝土的空隙率很低,因此与浆体中水或侵蚀介质输送过程有关的物理和化学侵蚀作用便会削弱。

(2)钢筋或结构混凝土表面采用无机涂层。如采用普通硅酸盐水泥涂层,以及在钢筋表面形成氧化物涂层等方法。

(3)钢筋或结构混凝土表面采用有机涂层。如人工合成树脂、沥青材料、水玻璃材料以及特种油漆等的采用。

这些消极的腐蚀控制措施,其采用的程度和范围取决于设计人员对结构未来使用环境腐蚀性的预估,虽然具有在一段时期内免予人工维护、延长腐蚀初始时间 t_0 的优点,且可增强混凝土结构的耐久性,但设计人员若对结构服役环境预估不足或过高,则会对防护设计产生一定的误导。另外,部分防护材料的使用寿命有限,在结构的设计使用期内,均需要不同程度的维修或更换,从很大程度上提高了结构全寿命期内的总投资维修费用,因此存在一个材料、方案措施等的合理选择与优化设计问题。

大量混凝土工程的实践表明,结构混凝土的裂缝总是难以完全避免的。因此,对于重要结构,还应结合积极的结构腐蚀控制方法对结构进行防护。

由于混凝土结构的腐蚀是一个化学、电化学的过程,因此,根据其反应腐蚀机理,可以采用电化学的方法对服役结构的腐蚀进行主动控制。这些电化学方法的共同点在于在一定程度上基于相同的机理,通过外加电流影响或改变混凝土、钢筋、钢筋与混凝土接触面的特性以及混凝土内部的液体流动系统等,其主要不同点在于外加电流的大小、钢筋实际可获得的电流以及通过混凝土碱性化过程加入混凝土中的特殊电解质。这些电化学方法的基本工作原理如图 8-1 所示。

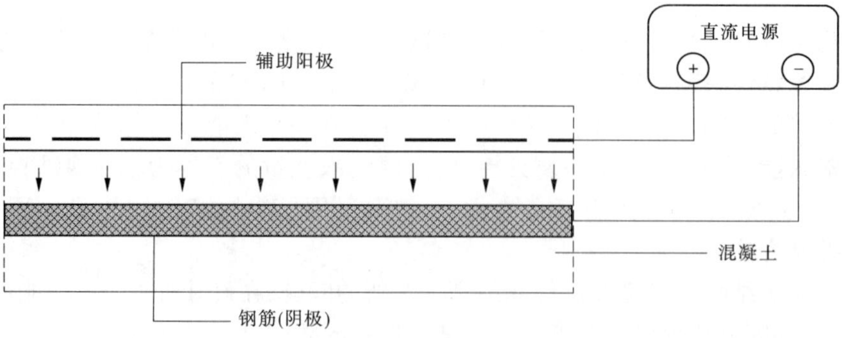

图 8-1 电化学防腐主动控制原理

受保护阴极(钢筋)及辅助阳极将发生下述电化学反应:

受保护阴极(钢筋)

$$\frac{1}{2}O_2 + H_2O + 2e^- = 2OH^- \tag{8-1}$$

$$2H_2O + 2e^- = H_2 + 2OH^- \tag{8-2}$$

上述反应将提高钢筋周围混凝土的 pH 值,引起钢筋的重新再钝化以及氯离子界限反应浓度的提高。

辅助阳极

$$2OH^- = \frac{1}{2}O_2 + H_2O + 2e^- \tag{8-3}$$

$$H_2O = \frac{1}{2}O_2 + 2H^+ + 2e^- \tag{8-4}$$

氯气将会生成

$$2Cl^- = Cl_2 + 2e^- \tag{8-5}$$

阳极材料将会发生腐蚀

$$X = X^{n+} + ne^- \tag{8-6}$$

这些基于主动控制思想的电化学方法主要包括:阴极保护法、混凝土电化学碱化法、混凝土电化学除氯法。

8.1.1　阴极保护法

阴极保护的基本机理是基于外加电流极化,使局部电池的阴极区域达到其阳极开路电位,使表面变成等电位,而且腐蚀电流不再流动。早在 17 世纪中叶,阴极保护的最初思想就已经产生,但当时主要是采用外加“牺牲阳极”的方法来保护海轮船体。直到 1910～1912 年,才在美国和英国首先采用外加电流的方法来保护地下结构构件。从那时起,阴极保护的应用迅速普及[8.2,8.6,8.7]。与“牺牲阳极”法相比,采用外加电流阴极保护法的优缺点如表 8-1 所示。

表 8-1　外加电流阴极保护法的优缺点

优　点	缺　点
在较高工作电压下,可对大型结构进行有效的保护	需要连续的直流电源
	若电源极性连接错误,将加剧钢筋的腐蚀
辅助阳极需要量小	需具备完善的监控系统
整个保护系统易于控制	控制措施不完善时,易引起表面涂层的破坏或钢筋的脆性破坏(氢脆)
	在强腐蚀性环境下应用于有物理损伤的结构尚存在一定的问题

在近 30 年内,阴极保护法在钢筋混凝土结构上的应用发展经历了三个阶段[8.6]:第一

阶段是20世纪70年代在北美,针对受氯离子腐蚀的钢筋混凝土桥面板,建立一套不同于海洋及土壤中阴极保护的独立的监控、保护体系以及设计标准,并取得了良好的成效。第二阶段是80年代,阴极保护法被介绍到世界各地,并广泛应用于桥梁各个部位、海洋结构、化工结构以及其他易受腐蚀的混凝土结构。另外,在这个阶段,发展了新型的外加辅助阳极材料,从最初的可导聚合物材料发展到可靠性更高的混合氧化物钛网以及含碳油漆等。第三阶段是90年代,阴极保护法不仅应用于已受氯离子腐蚀结构来控制结构的腐蚀速率,而且还应用于新建结构(可称为"阴极防护"),并取得了良好的效果。目前,外加电流阴极保护系统已应用于我国最长的海湾桥梁——杭州湾跨海大桥。

阴极保护所需要的电流密度取决于金属及其周围环境,外加电流密度应当超过同一环境中和观察到的腐蚀速率相当的电流密度,所以腐蚀速率越大,用于保护的外加电流密度也必须越高。一般情况下,外加电流密度控制在5～15 mA/m^2 之间,最大不宜大于110 mA/m^2。在特殊环境下,对潮湿混凝土,外加电流密度可视实际情况控制在50～270 mA/m^2的范围内。

针对不同混凝土结构,在设计其阴极保护系统前,应注意以下几个问题:

(1)钢筋保护层。不均匀的钢筋保护层,将导致外加电流的不均匀分布,影响保护效果。

(2)混凝土碳化深度。

(3)结构钢筋的导电连续性。未与整体钢筋网架连接的钢筋将得不到保护,且杂散电流的效应有可能加剧这些钢筋的腐蚀。因此,应采用适当的措施将这些钢筋连接起来。

(4)结构混凝土的导电连续性。不均匀的导电性能,将导致外加电流的不均匀分布。因此,受保护的结构混凝土中不应有较大的腐蚀裂缝或修补区域等具有较高电阻的部位。如存在这些问题,则必须在采用保护控制系统的过程中加以必要的调整和控制。

(5)潜在的碱—骨料反应。任何一种电化学保护控制措施都将提高钢筋周围混凝土的碱性。因此,需要在采取控制措施前对混凝土内骨料的活性反应能力进行测试。

(6)预应力筋的存在。由于电化学控制措施的负极化,在预应力筋表面将产生大量氢气,易产生脆性(氢脆)破坏。对于阴极保护法及电化学除氯法应尤其注意这一问题。

为确保阴极防腐控制系统的正常运行,还必须建立一套完整的监控系统。这个监控系统主要用于检测受保护钢筋电位相对于某一参考电极的变化情况,参考电极一般埋置于结构腐蚀破坏的重点区域。保护电位大小的标准则取决于氯离子含量、pH值、水泥类型和成分以及外界环境等因素,应根据实际情况进行确定。

另外,针对实际情况,也可采用"牺牲阳极"的阴极保护方法,其主要优点在于不需外加电源,因此从严格意义上讲,应属于消极腐蚀控制的范畴。与外加电流的阴极保护法相比,其优缺点显而易见。

8.1.2 混凝土电化学碱化法

这种方法于1987年应用于挪威的某银行大楼,并于同年获得专利(Noteby 1987)[8.6]。

该控制方法主要用于停止碳化混凝土中钢筋的锈蚀。通过这种控制措施,混凝土内部液体的 pH 值将得以提高，使混凝土保持其保护钢筋的能力。腐蚀的控制是通过在钢筋及混凝土表面电解质溶液中的电极之间输入外加电流来完成的。一般采用钢网片电极及 1.0 mol 浓度的碳酸钠溶液作为电解质，近年采用纸纤维电解质来取代碳酸钠溶液。处理时间一般为 3～7 d。

在处理过程中，外加直流电流密度一般为 0.7～1.0 A/m^2，基于安全方面的考虑，电压一般不高于 50 V。

混凝土电化学碱化法的处理过程主要遵循以下几个步骤[8.6]：

(1)损坏混凝土部位的修补。

(2)混凝土表面的清理。

(3)连接独立钢筋以保证结构内部钢筋良好的导电连续性。

(4)安装钢筋与外加电源间的导线。

(5)在混凝土表面安装木制板条。

(6)在木板条上安装阳极网片。

(7)阳极网片电源导线的安装。

(8)喷洒纸纤维电解质以覆盖阳极网片。

(9)钢筋及阳极网片导线与电源的连接，并开始通电处理。

(10)处理后，关电源，解除导线，清理混凝土表面木板条、阳极网片及电解质，并用清水冲洗。对混凝土表面的残存缺陷进行修补。

(11)建立参考电极监控系统。

现在尚无确定的标准来检验这种措施的处理结果。一般采用的是在结构混凝土的不同深度取样，并根据酚酞试剂的颜色变化情况与碱化前作比较来判断。另外，混凝土内部不同深度钠离子或钠/钾比例变化情况的化学分析也将给出较为准确的结果。

8.1.3　混凝土电化学除氯法

电化学除氯法最早应用在 20 世纪 70 年代的美国，当时主要采用液态电解质，针对桥面和混凝土路面等水平结构的上部，外加直流电压达到 220 V。挪威 Noteby 公司于 20 世纪 80 年代采用了新型固水材料对该方法做出了改进，并可应用于水平结构的下部及侧部垂直方向，外加电压一般小于 30 V。这种方法被称为 NORCURETM，并于 1986 年获得专利[8.6]。

电化学除氯法在很大程度上与阴极保护法相类似。主要处理方法是在钢筋(作为阴极)及放于混凝土表面的临时辅助阳极之间外加直流电源。辅助阳极主要采用活性钛网片，并放置于饱和的电解质溶液中，如图 8-2 所示。其处理原理主要是负离子(如氯离子)向阳极的移动，因此能在较短的时间内除掉混凝土内部的大部分氯离子，处理时间一般为 6～10 周，并根据以下因素的不同而有所不同：

(1)混凝土中氯离子的初始含量。

(2)混凝土中氯离子的分布。

(3)氯离子的最初来源。

(4)混凝土的质量。

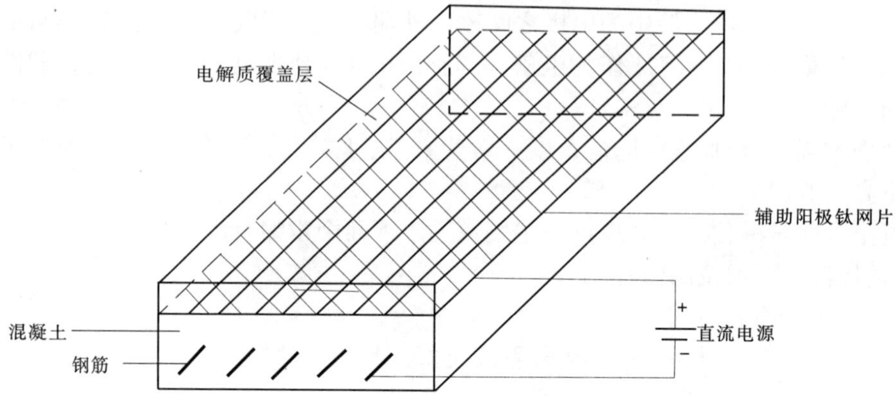

图 8-2 电化学除氯法❶

(5)结构中钢筋的分布。

(6)外加电流的分布。若外加电流由于种种原因不能均匀作用时,则除氯效率较低,需较长的处理时间。

一般情况下,外加电流密度控制在 0.5～2 A/m² 的范围内,且不宜大于 2 A/m²,以免对混凝土造成损坏[8.6]。

现在尚无确定的标准来检验这种措施的处理结果。一般认为,只要混凝土内部氯离子含量在处理后低于最低界限含量的标准就可以。另外,半电池电位法或其他电化学检测方法在处理前后检测结果的比较,也将提供较为有力的说明。

8.2 基于腐蚀控制混凝土结构优化维修决策

处于腐蚀性环境下的混凝土结构,当其服役一段时间后,常常由于结构本身的腐蚀损伤,不能保证其在后续使用期内的正常使用。这时,则面临着结构要不要维修、维修到什么程度、是维修还是拆除等经济问题,而对结构本身而言,这些都是重大的决策问题。

王光远院士在文献[8.1]中提出了灾害结构的灾后维修准则,考虑结构未来的收益 U 和结构未来的损失期望 L,以及针对结构破坏现状和维修目标所需要的维修费用 C_r,可得

$$U > C_r + L \tag{8-7}$$

即

$$JT_1\Psi_1'(t_1, T_1) > C_r(\Psi_1, \Psi_1') + (1 - \Psi_1') \cdot D \tag{8-8}$$

式中 J——正常生产条件下结构物的年生产效益;

$\Psi'_1(t_1, T_1)$——结构维修后的可靠度;

Ψ_1——结构维修前的可靠度;

D——结构失效带来的损失值;

❶在阴极保护法中,电解质覆盖层改为混凝土覆盖层。

T_1、t_1——结构的预计后续使用期和已服役时间。

对于腐蚀环境下的服役混凝土结构，导致其可靠性降低的主要原因是结构的腐蚀损伤造成了结构整体抗力的降低，这是一个累积的过程。在进行维修决策时，单纯通过提高结构的整体抗力储备来保证结构在后续使用期内的正常使用，往往不容易实现，且在某些情况下并不经济。另外，对于维修到何种程度这一问题，一方面由于混凝土结构的特点，当损伤较严重时，"修旧如新"较难达到；另一方面，即使能够"修旧如新"，也并非都能保证服役结构在后续的预定使用期内的正常使用，还要考虑结构已工作期间所提供的环境腐蚀性信息，以及对预计后续使用期内的各种作用进行危险性分析。

基于上述问题，在对腐蚀环境下的服役钢筋混凝土结构进行维修决策时，可以采取两方面的措施来保证维修结构在后续使用期内的正常使用：

(1)提高结构的整体抗力。

(2)采用最优的腐蚀控制措施来最大限度地排除结构内部的腐蚀隐患及保护结构免于外部环境的侵蚀。

这两方面的措施是相辅相成的。良好的腐蚀控制方案可以保证消除结构内部的有害介质(如氯离子等)隐患，并保证结构在未来的后续使用期内免受外界环境的腐蚀作用，从而避免了单纯依靠提高结构抗力的维修方案。因此，必然存在一个最优的维修控制方案，使结构在未来使用期内的总投资与损失期望之和最小，在不考虑自然灾害(如地震荷载等)的条件下，保证结构在未来使用期内的正常使用。

这时，结构维修后的整体抗力可以表达为

$$R'(t_1) = \Psi(R(t_1), \gamma_E, T_1) \tag{8-9}$$

式中　$R'(t_1)$——维修后结构的整体抗力；

$R(t_1)$——维修前结构的整体抗力；

γ_E——环境腐蚀性影响系数。

而相应的维修费用 C_{rc} 可以表达为

$$C_{rs} = C_{rs}(R'(t_1), R(t_1)) \tag{8-10}$$

采取某种腐蚀控制方案所需费用 C_{rc} 可以表达为：

$$C_{rc} = C_{rc1}(I_C, \gamma_E) + C_{rc2}(T_M, T_1, \gamma_E) \tag{8-11}$$

式中　C_{rc1}——维修时采取某种腐蚀控制方案的一次性投资；

C_{rc2}——后续使用期内腐蚀控制措施所需的使用、维护或更换费用；

I_C——服役结构中的有害介质含量；

T_M——腐蚀控制机构或材料的使用寿命(如油漆涂层等的寿命)。

而整体的维修费用 C_r 因此可以表达为

$$C_r = C_{rs} + C_{rc} \tag{8-12}$$

结构未来使用期的收益 U 可以表达为

$$U = JT_1P(R'(t) > S(t, T)) \tag{8-13}$$

其中 $t_1 < t \leqslant T$。这里考虑在未来的使用期 $T_1 = T - t_1$ 年内，维修后的结构抗力

$R'(t)$与荷载效应 $S(t,T)$均为随机过程。

我们在前面的工作中将腐蚀环境下服役混凝土结构的腐蚀损伤程度划分为五个等级，若以 B_i 代表第 i 级损伤，则有

$$[B_1,B_2,B_3,B_4,B_5]=[\text{损伤严重},\text{较严重},\text{中等},\text{较轻},\text{轻}]$$

结构在未来使用期 T_1 年内发生 B_i 级损失的概率可以表达为

$$P(B_i)=\Omega(B_i,x_j,\gamma_E,T_1) \tag{8-14}$$

式中　x_j——第 j 种结构维修及控制方案，包括抗力维修方案 x_{js}以及腐蚀控制方案 x_{jc}。

基于结构的维修控制方案 x_j 及结构在未来使用期内的结构腐蚀速率模型分析，可近似获得 $P(B_i)$与维修控制方案 x_j 之间的函数关系。

结构受到 B_i 级损失时的损失值可以表达为

$$D_i=D_i^{(1)}+D_i^{(2)} \tag{8-15}$$

式中　$D_i^{(1)}$——结构本身腐蚀损伤的直接损失；

$D_i^{(2)}$——由于结构损伤而引发的间接损失。

这种损失值必须根据结构的具体情况和遭受的腐蚀损伤等级进行评估。

至此可以得出按第 j 种结构维修方案维修的结构在未来使用期内的总的损失期望值

$$L(x_j)=\sum_{i=1}^{5}\Omega(B_i,x_j,\gamma_E,T_1)\cdot D_i \tag{8-16}$$

因此，腐蚀环境下在役混凝土结构的修复准则可以表达为

$$JT_1P(R'(t)>S(t,T))>(C_{rs}+C_{rc})+\sum_{i=1}^{5}\Omega(B_i,x_j,\gamma_E,T_1)\cdot D_i \tag{8-17}$$

若结构所处状态已不符合上述维修准则，但结构仍未失效，这时结构不一定要拆除，仍可继续使用。除了具有特殊的原因外，只有当结构已经失效才考虑拆除的需要。一般情况只要结构存在所产生的效益比维修费用还小或比未来破坏的损失期望还小的时候，便要拆除。因而拆除准则可以表示为

$$C_r\geqslant U \text{ 或 } L\geqslant U \tag{8-18}$$

亦即满足下面两个条件之一时，即可拆除

$$\begin{cases}JT_1P(R'(t)>S(t,T))\leqslant C_{rs}+C_{rc}\\ JT_1P(R'(t)>S(t,T))\leqslant \sum_{i=1}^{5}\Omega(B_i,x_j,\gamma_E,T_1)\cdot D_i\end{cases} \tag{8-19}$$

最优维修及控制方案 x'_j 的选择，是使结构在未来服役期 T_1 年内的收益得到最大的关键，其数学模型为：

求 x'_j，使

$$W(x'_j)=(C_{rs}(x'_j)+C_{rc}(x'_j))+\sum_{i=1}^{5}\Omega(B_i,x'_j,\gamma_E,T_1)\cdot D_i\rightarrow \min \tag{8-20}$$

满足
$$\beta(t)\geqslant[\beta]$$

其中，$t_1<t\leqslant T$。

当服役混凝土结构的抗力维修水平为 $\Delta R(t_1)$时，不同的设计者即使按同一规范设

计,所获得的结构抗力维修方案 x_{js} 及其造价也是不相同的。因此,抗力维修造价 $C_{rs}(\Delta R(t_1))$ 与抗力维修水平 $\Delta R(t_1)$ 之间不存在一一对应关系。但在不考虑改变结构使用功能,即结构拓扑(几何构造)和材料已经确定的结构抗力维修方案优化所得到的造价最小的抗力维修方案 x'_{js} 具有答案唯一性。也就是说,$C_{rs}(\Delta R(t_1))$ 是多值函数,而 $C_{rsmin}(\Delta R(t_1))$ 是单值函数。在式(8-20)中的 $C_{rs}(x'_j)$ 也应该是相应的最小造价 $C_{rsmin}(x'_j)$,因为浪费的设计方案不能包含在优化的目标函数中。另外,当结构抗力维修水平 $\Delta R(t_1)$ 及预定的后续使用期 T_1 确定时,相应的最小造价腐蚀控制方案 x_{jc} 也应唯一确定,因此式(8-20)中的 $C_{rc}(x'_j)$ 也应该是相应的最小造价 $C_{rcmin}(x'_j)$。

为求得对应于不同抗力维修水平 $\Delta R(t_1)$ 的 $C_{rmin}(x_j)$ 需要进行一系列如下的最小造价优化设计。

首先,求结构抗力维修方案 x_{js},使相应抗力维修造价

$$C_{rs}(x_{js}) \rightarrow \min$$

并满足相关规范的一切约束条件和要求,这就是一个常规的最小造价优化设计。

其次,已知结构抗力维修方案 x_{js},求腐蚀控制方案 x_{jc},使相应腐蚀控制造价

$$C_{rc}(x_{jc}) \rightarrow \min$$

并满足结构在未来使用期内的耐久性要求,即

$$\beta(t) \geqslant [\beta]$$

这也是一个常规的最小造价优化设计,所不同的是,必须考虑腐蚀控制措施对结构保护作用随时间变化的情况及相应的结构腐蚀速率模型分析。

因此,针对不同的抗力维修水平 $\Delta R(t_1)$,则可获得相应的 $C_{rmin}(x_j)$ 与维修控制方案 x_j 之间的函数关系。

基于以上分析,在考虑维修造价和损失期望的情况下,腐蚀环境下服役钢筋混凝土结构维修及腐蚀控制方案的优化设计模型可以表达为:

求 x'_j,使

$$W(x'_j) = (C_{rsmin}(x'_j) + C_{rcmin}(x'_j)) + \sum_{i=1}^{5} \Omega(B_i, x'_j, \gamma_E, T_1) \cdot D_i \rightarrow \min \tag{8-21}$$

这是一个无约束数学规划问题,采用现有方法即可解决[8.8~8.11]。

参考文献

[8.1] 王光远．结构软设计理论．北京:科学出版社,1992

[8.2] H.H. 尤里克,R.W. 瑞维亚．腐蚀科学和腐蚀工程导论．北京:石油工业出版社,1994

[8.3] GB50212—91 建筑防腐蚀工程施工及验收规范

[8.4] GB50046—95 工业建筑防腐蚀设计规范

[8.5] 马亚丽,等．海湾钢筋混凝土桥梁结构的腐蚀及腐蚀控制研究．河南科学,2001,19(3):254~257

[8.6] Corrosion and Protection of metals in Contact with Concrete. Heiot-Watt University, European Commis-

sion Cost 509 Draft Final Report , Edinburgh, Sep. 1～3, 1996
[8.7] Fowler D. Protection Options. NCE CONCRETE SUPPLEMENT, Oct. 1990, pp50
[8.8] 王光远．抗灾结构的最优设防荷载与最优可靠度．土木工程学报,1997,30(5)
[8.9] 王光远,董明耀．结构优化设计．北京:高等教育出版社,1987
[8.10] 王光远．结构服役期间的动态可靠度及其维修理论初探．哈尔滨建筑大学学报,1996,23(2)
[8.11] 霍达,王志忠,王东炜．工程结构设计的两项优化技术．北京:中国建筑工业出版社,1993
[8.12] 郭院成．化工钢筋混凝土结构可靠性评估与维修决策:[学位论文]．哈尔滨:哈尔滨建筑大学,1997.6
[8.13] 赵卓．受腐蚀钢筋混凝土结构的可靠性检测诊断与控制维修决策:[学位论文]．哈尔滨:哈尔滨建筑大学,1998
[8.14] 滕海文,等．基于腐蚀控制的在役结构优化维修决策．工程力学,2001(10)

第 9 章　工程耐久性诊断评估实例

9.1　某中心医院病房楼的可靠性鉴定[9.1~9.4]

9.1.1　工程概况

某中心医院病房楼，主楼 12 层(局部 15 层)，建筑面积约 14 000 m^2，钢筋混凝土框架结构，钻孔灌注桩基础，填充墙采用 200 mm 厚加气混凝土块，于 1998 年投入使用。原设计地下一层至三层(原设计标高 10.77 m 以下)梁、柱的混凝土强度等级为 C35；四、五层(标高 10.77～17.37 m)梁、柱的混凝土强度等级为 C30，六层至顶层(标高 17.37 m 以上)梁、柱、各层楼板的混凝土强度等级为 C25。原设计"主体结构抗震烈度为 6 度，重要性类别为丙类，场地类别为Ⅲ类，抗震等级为三级"。

该病房楼投入使用后，发现多处楼层梁、柱粉刷层开裂，钢筋锈蚀，部分构件混凝土保护层脱落，楼板也多处出现裂缝。为此，于 2002 年 8 月和 2005 年 1 月分两次对该病房楼进行结构检测，对混凝土开裂、钢筋锈蚀的原因进行分析，并对病房楼结构的可靠性进行鉴定。

9.1.2　第 1 次检测的主要内容和主要结论

在 2002 年 8 月，对病房楼进行了现场调查和结构检测。内容包括结构现状调查(混凝土开裂和钢筋锈蚀状况)、结构构件混凝土强度、混凝土碳化、混凝土保护层厚度、混凝土物化性能化验(氯离子含量测定)等。

9.1.2.1　主要检测结果

现场检测的主要结果有以下几点。

1)构件混凝土开裂、钢筋锈蚀情况

本次共调查、检测了存在混凝土开裂和钢筋锈蚀情况的 25 个区域，共 622 个测点，根据裂缝发展情况、粉刷层是否胀裂、钢筋锈蚀程度，将调查、检测结果分为特别严重、严重、一般三类。

其中，属于特别严重(按照 GB50292—1999 的规定可评定为 c_u 级或 d_u)的有 71 处，属于严重(可评定为 b_u 级或 c_u 级)的有 43 处，属于一般(可评定为 b_u 级)的有 12 处。

在各检测点中，6～11 层区段的梁、柱开裂锈蚀比较严重；12 层、13 层开裂锈蚀相对较轻；暴露于室外的构件开裂锈蚀比较严重；板的裂缝集中在开门及走廊处。裂缝绝大多数是因为钢筋锈蚀而引起的顺筋裂缝，少数为混凝土收缩产生的裂缝。其中一层生化室楼板的裂缝宽度达 5～6 mm，上下裂通、透水。

图 9-1～图 9-3 为部分混凝土开裂、钢筋锈蚀特别严重构件的照片。

2)混凝土强度

抽检 -1 层、6～13层部分构件的混凝土强度，其中 -1 层除个别构件的混凝土强度未

图 9-1　部分混凝土开裂、钢筋锈蚀特别严重的柱

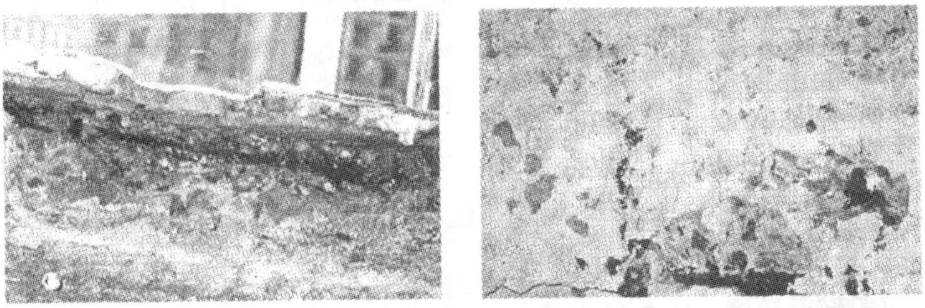

图 9-2　部分钢筋锈蚀特别严重的梁

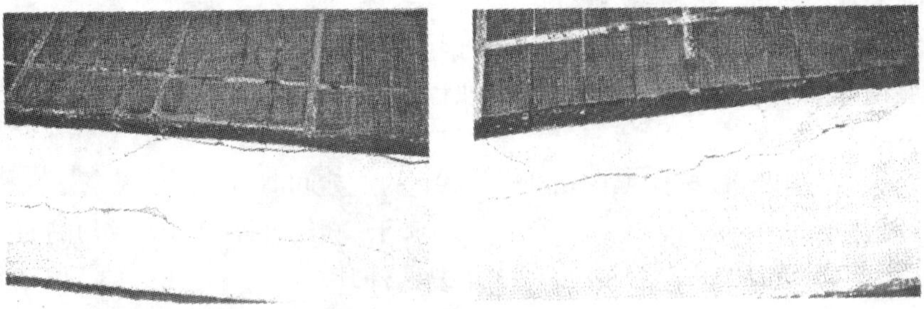

图 9-3　部分混凝土开裂特别严重暴露于室外的梁

达到设计C35级的要求(尚能达到C30级)外,其余构件的混凝土强度均达到设计C35级的要求;6～13层除个别构件的混凝土强度未达到设计C25级的要求(尚能达到C20级)外,其余构件的混凝土强度均达到设计C25级的要求;1～5层因病房使用等原因,不具备检测条件,未能检测构件的混凝土强度。

从已进行的混凝土强度总体检测结果判断，可以认为病房楼结构的混凝土强度基本上达到了设计要求(个别构件的混凝土强度偏低，但偏低不多)。

3)混凝土碳化深度

共布置测点144个，其中地下室测点31个，平均碳化深度2.23 mm，最小值0.6 mm，最大值4.5 mm；6层及以上各层测点113个，平均碳化深度3.58 mm，最小值0.5 mm，最大值6.5 mm。碳化深度尚属正常范围。

4)混凝土保护层厚度

本次抽检了45个梁、柱构件，混凝土保护层厚度平均值为38.5 mm，最小值10 mm，最大值70 mm。与设计要求梁、柱保护层厚度25 mm，边柱、角柱外露一侧35 mm有一定偏差。

5)混凝土中氯离子含量的测定

本次共抽检了38个构件的混凝土样品进行氯离子含量测定。

-1层检测的3个构件中，有2个构件混凝土中氯离子的含量分别为1.163%和1.109%，超过了《混凝土结构设计规范》(GB50010—2002)中对“一类环境”(室内正常环境)混凝土中氯离子含量不得大于1%，以及对“二类环境”(室内潮湿环境和露天环境)混凝土中氯离子含量不得大于0.3%的规定。

6～11层检测的27个构件中，有17个构件混凝土中氯离子的含量超过1%(最高2.697%，平均1.82%)，超过了《混凝土结构设计规范》(GB50010—2002)中对“一类环境”(室内正常环境)混凝土中氯离子含量不得大于1%的规定；有6个构件混凝土中氯离子的含量超过0.3%(最高0.852%，平均0.623%)，超过了《混凝土结构设计规范》(GB50010—2002)中对“二类环境”(室内潮湿环境和露天环境)混凝土中氯离子含量不得大于0.3%的规定。

12～13层检测了8个构件，混凝土中氯离子的含量均小于0.3%，符合《混凝土结构设计规范》(GB50010—2002)的规定。

9.1.2.2　病害原因分析

根据对病房楼调查、检测的结果(混凝土强度基本满足要求，个别构件混凝土强度偏低不多)和承载力计算分析的结果(在竖向荷载作用下以及在地震作用下的承载力基本满足要求)，可以认为中心医院病房楼多处楼层梁、柱混凝土开裂并非由承载力不足引起。

根据对构件混凝土中氯离子含量检测的结果(相当部分构件混凝土中氯离子含量超过国家标准规定)，以及裂缝形态主要为顺筋裂缝、部分钢筋锈蚀严重的现象判断，可以认为中心医院病房楼多处楼层梁、柱及楼板混凝土开裂，钢筋锈蚀的原因是由于构件混凝土中氯离子含量过大引起。

混凝土中氯离子在潮湿环境中对钢筋的锈蚀作用十分明显，钢筋锈蚀后发生锈胀，会产生纵向顺筋裂缝，使混凝土保护层脱落，影响结构的正常使用和承载能力。从现场调查中看到，6～11层区段的梁、柱开裂及钢筋锈蚀比较严重(混凝土中氯离子含量较高)；12层、13层梁、柱开裂及钢筋锈蚀相对较轻(混凝土中氯离子含量较低)；暴露于室外的构件开裂锈蚀比较严重(空气湿度较大)也说明了这一点。

9.1.2.3 主要结论和建议

主要结论：

(1)中心医院病房楼多处楼层梁、柱及楼板混凝土开裂，钢筋锈蚀的原因是由于构件混凝土中氯离子含量过大引起的。

(2)病房楼承重结构安全性整体评定为 c_u 级(含有少数 d_u 级构件)，即应对混凝土开裂、钢筋锈蚀严重的构件进行相应的加固或维护处理后方可安全使用。

(3)病房楼上部承重结构正常使用性整体评定为 c_s 级，即应对混凝土开裂、钢筋锈蚀严重的构件进行维护处理后方可正常使用。

处理建议：

(1)对少数混凝土开裂“特别严重”、保护层脱落、钢筋严重锈蚀的 d_u 级构件，应清除脱落、松动的保护层，对钢筋进行防锈处理后，用环氧砂浆补平，并在构件表面刷防水涂料阻止潮湿气体渗入。

(2)对混凝土开裂“严重”、钢筋发生锈蚀的 c_u 级构件，应采用化学浆液对裂缝进行灌浆处理，并在构件表面刷防水涂料阻止潮湿气体渗入。

(3)由于氯离子对钢筋的锈蚀作用是一个长期过程，对尚未开裂或开裂较轻的构件应进行观察，如发现裂缝有所发展或出现新的裂缝，应参照上一条的方法进行处理。

9.1.3 第 2 次检测的主要内容和主要结论

在第 1 次检测结果、结论和建议的基础上，业主方于 2003 年 4、5 月间对混凝土开裂、钢筋锈蚀严重的梁、柱，采用涂抹水泥砂浆的方法进行了修补。现发现修补处再次开裂，六层以上楼板裂缝又有发展，部分梁柱出现新的裂缝。为此，于 2005 年 1 月再次对病房楼上部结构的病害现状进行了全面调查，重点对该病房楼 2002 年 8 月以来楼层梁、柱及楼板混凝土开裂，钢筋锈蚀的发展状况进行了全面调查，并对部分现浇混凝土楼板中氯离子含量进行测定，以分析其结构病害发展情况，为评估结构四年内的安全性提供技术依据。

9.1.3.1 主要检测结果

(1)2003 年 5 月重新浇筑的部分梁、柱的混凝土保护层又出现裂缝，新贴的瓷砖开裂、空鼓，说明当时采取的修复措施不能防止构件内的钢筋继续发生锈蚀，如图 9-4、图9-5 所示。

(2)各层均有部分梁、板、柱原有的裂缝继续发展的现象(原有的裂缝宽度较 2002 年 8 月检测时增大，最大裂缝宽度达 1～1.5 mm)，部分梁、板、柱在 2002 年 8 月检测后出现了新的裂缝，上述现象在 6～11 层较为明显。

(3)6～11 层部分现浇混凝土楼板中氯离子含量(占水泥用量的百分比)测定结果为：6 层 0.097 4%～0.138%、7 层 0.710 9%～1.513 2%、8 层 0.424 5%～0.679 9%、9层 0.108 4%～0.566 7%、10 层 0.590 0%～1.180 0%、11 层 0.356 6%～1.129 1%，其中 7 层、10 层、11 层均有部分现浇混凝土楼板的氯离子含量超过了《混凝土结构设计规范》(GB50010—2002)中对“一类环境”(室内正常环境)混凝土中氯离子含量不得大于 1%的规定。

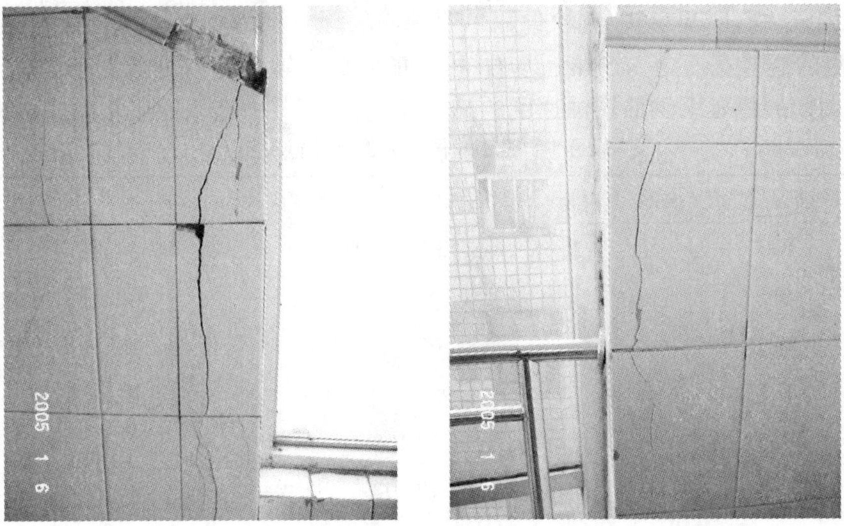

图 9-4　新浇筑保护层又出现裂缝、瓷砖开裂的柱

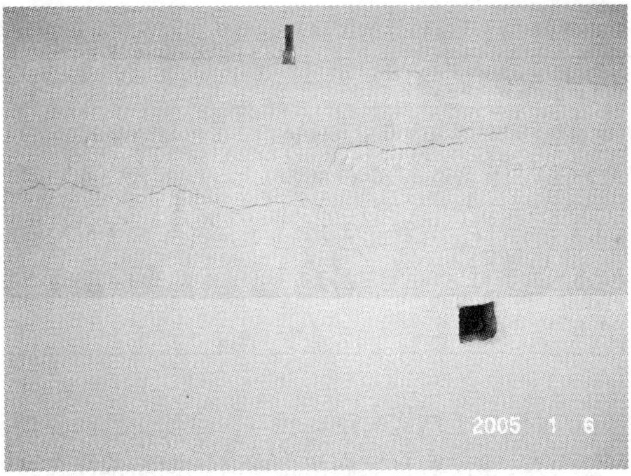

图 9-5　新浇筑保护层又出现裂缝的梁

(4)通过钻孔观察,现浇混凝土楼板中的钢筋尚未发现锈蚀现象,混凝土与钢筋粘结良好,但梁顶处受力主筋有锈蚀现象。

(5)2002 年 8 月和 2005 年 1 月的两次检测结果表明,病房楼结构因钢筋锈蚀引起的病害主要发生在柱和梁中,以 6～11 层较为严重,现浇混凝土楼板的病害相对较轻。

9.1.3.2　病房楼结构今后 4 年内安全性预测

(1)参照国内外目前的研究成果,混凝土锈胀开裂后钢筋的锈蚀程度(截面损失率)λ 可根据顺筋裂缝的宽度来推算,根据检测结果推算构件内钢筋的锈蚀程度如表 9-1 所示。根据 2002 年 8 月和 2005 年 1 月两次检测的结果,推算今后 4 年内梁、柱等主要承重构件的裂缝宽度和钢筋锈蚀程度(截面损失率)λ 可能的发展趋势推测如表 9-2 所示。

(2)从表 9-2 可以看出,病房楼目前较多数的顺筋裂缝宽度为 0.3～0.5 mm 的构件在今后 4 年内推测的裂缝宽度为 0.8～1.0 mm,推测的钢筋锈蚀程度小于 5%,这类构件

仍可评定为 b_u 级，即基本安全；较少数目前顺筋裂缝宽度为 1.0 mm 左右的构件在今后 4 年内推测的裂缝宽度为 1.5 mm 左右，推测的钢筋锈蚀程度有可能大于 5%，应对这类构件采取封闭裂缝延缓钢筋锈蚀速度的措施，以使其承载力在今后 4 年内基本满足要求。

表 9-1 推算的构件内钢筋锈蚀程度

构件的顺筋裂缝宽度(mm)	推算的钢筋锈蚀程度(截面损失率)λ	说 明
0.3	1.3%～2.1%	梁、柱内受力主筋
0.5	1.6%～3.2%	梁、柱内受力主筋
1.0	2.26%～4.8%	梁、柱内受力主筋
1.5	2.95%～7.6%	梁、柱内受力主筋
0.3	约 15%	箍筋
0.5	约 20%	箍筋
1.0	约 30%	箍筋

表 9-2 今后 4 年内主要承重构件的裂缝发展趋势和钢筋锈蚀程度发展趋势推测

构件开裂时的锈蚀程度	2005 年 1 月		2008 年 12 月	
	顺筋裂缝宽度(mm)	推测的钢筋锈蚀程度(截面损失率)λ	推测的顺筋裂缝宽度(mm)	推测的钢筋锈蚀程度(截面损失率)λ
约 1.7%	0.3	1.3%～2.1%	约 0.8	1.98%～3.7%
	0.5	1.6%～3.2%	约 1.0	2.26%～4.8%
	1.0	2.26%～4.8%	约 1.5	2.95%～7.6%

(3)由于目前国内外对混凝土结构的耐久性与寿命预测的研究尚不成熟，对钢筋锈蚀程度推测的结果有一定误差，建议对目前病房楼所有因钢筋锈蚀开裂的梁、柱构件均采取封闭裂缝延缓钢筋锈蚀速度的措施。

9.1.3.3 主要结论

主要结论：

(1)中心医院病房楼多处楼层梁、柱及楼板混凝土开裂，钢筋锈蚀的原因是由于构件混凝土中氯离子含量过大引起的，其中 6～11 层较为严重；2005 年 1 月对病房楼结构的再次检测表明，2003 年 5 月经施工单位重新浇筑的部分梁、柱的混凝土保护层又出现裂缝，各层均有部分构件的裂缝宽度有增大现象，部分梁、板、柱出现了新的裂缝，说明病房楼因钢筋锈蚀引起的病害在 2002 年 8 月检测后有一定发展。

(2)根据 2002 年 8 月和 2005 年 1 月两次检测的结果推算，病房楼的绝大部位构件钢筋锈蚀程度小于 5%，其安全性基本满足要求(评定为 b_u 级或 a_u 级)；6～11 层的少数构件钢筋锈蚀较严重，钢筋锈蚀程度大于 5%(评定为 c_u 级或 d_u 级)；病房楼承重结构安全性整体评定为 c_u 级；对 6～11 层少数混凝土开裂、钢筋锈蚀严重的构件进行加固或维护处理后,方可安全使用。

(3)病房楼上部承重结构正常使用性整体评定为 c_s 级,应对混凝土开裂、钢筋锈蚀严重的构件进行维护处理后方可正常使用。

(4)病房楼内目前较多数的顺筋裂缝宽度为 0.3～0.5 mm 的构件今后 4 年内推测的钢筋锈蚀程度小于 5%,仍可评定为 b_u 级,即基本安全;较少数目前顺筋裂缝宽度为 1.0 mm左右的构件,今后 4 年内推测的钢筋锈蚀程度有可能大于 5%,应对这类构件采取封闭裂缝延缓钢筋锈蚀速度的措施。

(5)目前在不影响(或尽可能少影响)病房楼正常使用的情况下,采取上述局部加固或维护处理措施后(楼板暂不处理),病房楼在今后 4 年内可基本安全使用,4 年以后应根据实际情况再采取全面处理措施。

9.1.3.4　处理建议

(1)对少数混凝土开裂"特别严重"、保护层脱落、钢筋严重锈蚀的梁、柱(包括 2003 年 5 月施工单位处理过又开裂的构件),应清除脱落、松动的保护层,对钢筋进行防锈处理后(对锈蚀严重的箍筋进行补强),用防锈混凝土重新浇筑保护层,防止钢筋继续锈蚀。

(2)对其他开裂的混凝土梁、柱在裂缝处涂刷环氧树脂浆液,并在构件表面刷防水涂料阻止潮湿气体渗入,延缓构件内钢筋锈蚀的速度。

(3)对尚未开裂或开裂较轻的构件应进行观察,如发现裂缝有所发展或出现新的裂缝,应参照上一条的方法进行处理。

(4)今后 4 年内应注意对结构构件进行全面观测,发现异常情况及时采取处理措施。

9.2　某电厂冷却塔的结构可靠性鉴定

9.2.1　工程概况

某电厂 1# 冷却塔始建于 1965 年,淋水面积 2 000 m^2。原设计冷却塔的支柱及筒壁部分混凝土强度为 250#(旧规范标准,相当于 GBJ10—89 规范的 C23),已使用 35 年。该电厂现有同类型的冷却塔 4 座,由于扩建工程的需要,欲继续使用这 4 座冷却塔,因此对其中的 1# 冷却塔斜支柱及筒壁的结构可靠性进行鉴定并预测其剩余使用寿命。

9.2.2　现场检测结果

现场检测工作于 2001 年 3 月间进行。按照相关检测标准,斜支柱部分共检测了 24 个支柱 240 个测区的混凝土强度和 50 处混凝土的碳化深度,筒壁部分共检测了 960 个测区的混凝土强度和 120 处混凝土的碳化深度。根据现场检测结果,按照有关标准分析评定,斜支柱部分混凝土现有强度的推定值为 $f_{cuec}=33.5$ MPa,筒壁部分混凝土现有强度的推定值为 $f_{cuec}=38.2$ MPa,均高于原设计强度。斜支柱部分混凝土的平均碳化深度为 7.2 mm,最大 12.0 mm,最小 4.0 mm;筒壁部分混凝土的平均碳化深度为 6.9 mm,最大 10.0 mm,最小 4.0 mm。现场检测时看到除筒壁外表面局部区域有部分混凝土剥落,钢筋有一定锈蚀外,其余大部分筒壁和支柱混凝土尚属完好,未发现明显的开裂和锈蚀现象,但原有的防腐涂料已脱落。

9.2.3 结构分析结果

根据现场检测结果,依据《建筑结构荷载规范》(GBJ9—87)、《混凝土结构设计规范》(GBJ10—89)、《建筑抗震设计规范》(GBJ11—89)、《建筑抗震鉴定标准》(GB50023—95)以及《构筑物抗震设计规范》(GB50191—93),对 1# 冷却塔进行了竖向荷载作用下、水平风荷载作用下(基本风压取 0.45 kN/m^2)的承载力复核。复核结果表明,1# 冷却塔在上述荷载作用下的承载力可满足要求。

另外,按照抗震设防烈度为 8 度对 1# 冷却塔进行了验算。根据该工程岩土工程勘测报告表述的"本工程场地土类别为中硬场地土,场地地基土不具液化性,持力层地基承载力标准值 $f_k = 250$ kPa",对照《构筑物抗震设计规范》(GB50191—93)第 12.2.1 条的规定,1# 冷却塔可不进行抗震验算,但应满足抗震措施要求。对照该规范的抗震措施要求,斜支柱箍筋加密区的配置、筒身双层钢筋间拉筋的设置等方面不能满足 8 度抗震设防要求。这是由于 1# 冷却塔建于 1965 年,当时有关抗震设计规范尚未制定的历史原因造成的。

9.2.4 结构剩余使用寿命的预测

既有结构的耐久性评估(包括剩余寿命的预测)是国内外正在研究的课题,我国混凝土结构设计规范修订(送审稿)(即 GB50010—2002)虽提出了耐久性设计的概念和一般要求,但尚无定量评定结构的耐久性即使用年限的规定。参照国内中国建筑科学研究院、同济大学,以及日本、德国和欧洲规范的部分研究成果,钢筋混凝土结构的使用寿命可偏保守采用 $t = t_1 + t_2$(年)来表示,其中 t_1 为混凝土碳化深度达到钢筋表面的锈蚀初始时间(年),t_2 为钢筋开始锈蚀到引起混凝土开裂的时间(年)。经查阅设计和施工资料并结合当地地理气候条件以及 1# 冷却塔的使用条件和使用年限(35 年),按照上述国内外研究成果可计算出目前 1# 冷却塔混凝土的最大碳化深度为 13～15 mm,而根据检测报告现有的最大碳化深度为 10(筒壁)～12 mm(斜支柱),考虑到检测范围的局限性,可以认为上述理论计算的结果和实际检测结果是基本吻合的。按照上述理论可推算出,1# 冷却塔从现在起到碳化深度达到钢筋表面的时间(保护层厚度 $c = 20$ mm),$t_1 = 15$～20 年。参考日本等国的资料,250# 混凝土内当碳化深度达到钢筋表面,钢筋开始锈蚀到混凝土开裂的时间 $t_2 = 4$～6 年,由此可推算出 1# 冷却塔理论剩余寿命 $t = 19$～26 年。但由于耐久性设计理论还不够成熟,且 1# 冷却塔由于历史原因尚不能满足《构筑物抗震设计规范》(GB50191—93)规定的抗震措施要求,从偏保守的角度出发,可以认为 1# 冷却塔的剩余使用寿命应超过 15 年,但应做好支柱和筒壁的防护工作。15 年后能否继续使用尚应再进行检测鉴定。

9.2.5 处理意见

(1)根据检测和分析结果,1# 冷却塔在现有状况下可满足竖向荷载和风荷载作用下的承载力要求；按 8 度抗震设防验算，斜支柱箍筋、筒壁拉结筋等构造措施不满足抗震构造要求，应考虑加固或采取其他加强措施。

(2)参照国内外已有研究资料，预测 1# 冷却塔的剩余寿命可超过 15 年，但应采取必要的防护措施（将局部已开裂脱落的混凝土清除，用高一级细石混凝土或砂浆修补，并做整体防护处理）。15 年以后该冷却塔是否可继续使用，应再次进行检测鉴定。

参考文献

[9.1]　GB50009—2001　建筑结构荷载规范
[9.2]　GB50010—2002　混凝土结构设计规范
[9.3]　GB50292—1999　民用建筑可靠性鉴定标准
[9.4]　GB50011—2001　建筑抗震设计规范

附录　欧洲标准 EN12696:2000 部分内容简介

混凝土中钢筋的阴极保护已经是被证实的一种成功的、能长期有效地控制混凝土中钢筋锈蚀的主动控制方法。此欧洲标准《混凝土中钢筋的阴极保护》(Cathodic Protection of Steel in Concrete)的性能要求规范适用于暴露在大气环境下的钢筋混凝土的阴极保护,包括新建的和旧的结构,涵盖暴露在大气环境中的建筑物和民用工程结构,包括混凝土中的普通钢筋和预应力钢筋。此标准同样适用于没有涂油漆的和涂了有机油漆的钢筋,但不适用于被埋入或淹没的建筑和结构。

本标准主要包括 10 个部分的内容:1、范围;2、标准化参考;3、术语和解释;4、概述;5、结构评估及维修;6、阴极保护系统的构成;7、安装过程;8、调试;9、系统记录和文件;10、操作和维护;附录。由于篇幅所限,本书仅介绍了该标准的第 5、6、7、8 等主要技术内容部分。

5　结构评估及维修

5.1　概要

结构评估,包括材料的条件、结构的完整性、气候及如何维修应遵循 ENV1502-9 中相应的部分。

注:通常会在使用阴极保护前得出一个结构评估结果,并且通常由非受训于阴极保护过程的人来进行评估。

当准备把阴极保护作为维修(或保护)的一种方法或者是其中一部分时,对于一个建筑物,为了达到以下的目的,应该进行更进一步的研究:

(1)确认阴极保护的适应性。

(2)提供系统设计输入信息。

这些研究应该包括下面第 5.2～5.10 条的内容,但并不限于此。

5.2　档案

所有可用到的图纸、规范、档案和记录都应加以回顾,并以此来评估被保护阳极的位置、数量、状态(例如常规的、镀锌的、涂环氧的、预应力)和钢筋混凝土的连续性、混凝土的组分和质量等。

这些可用的信息应被现场测量,并按照第 5.3～5.8 条中所规定的试验来确定和补充。

5.3　外观检查和剥离调查

应该对建筑物的结构类型、缺陷的范围和原因,以及任何会影响阴极保护的应用及其效果的关于该建筑物或者它周围环境的特征进行检查。在此之前,维修过的区域和维修的方法都需要确定。

建筑物中需要进行阴极保护的区域,都要对其混凝土保护层进行检查。

如裂缝、蜂窝或者建筑物相连并能够使水渗透进去的薄弱处等会削弱阴极保护效果的缺陷,都应被记录下来。

5.4　氯离子分析

应根据 ENV1504-9 中的有关规定,对混凝土中的氯离子含量进行测定。

5.5　碳化层厚度的测量

应根据 ENV1504-9 中的有关规定,对混凝土碳化深度的分布状态进行测定。

5.6　混凝土保护层及钢筋的位置

应该完成混凝土保护层和钢筋的尺寸及其位置的检测。目的是评估阳极和阴极之间的间距是否满足特殊阳极系统的要求,并确定需要高电流密度的钢筋密集区。原有用于保护钢筋的材料,如被埋入的金属网、金属纤维或金属丝、塑料薄膜或经绝缘处理的金属等会削弱阴极保护的效果,都应进行评定。有可能造成阳极系统和钢筋短路的问题,都应进行相应评定。

5.7　钢筋的电连接

钢筋和其他铁元素都应测量其电连接性,可以通过第 7.1 条中所提到的通过测量建筑物中特定区域内相距遥远的钢筋之间的电阻或(和)电势差的方法来进行测量,目的是确定阴极保护的可行性并提供设计资料。以上这些至少包括以下所提到的具有代表性的几点:

(1)建筑物内部每个阴极保护系统区域之间的电连接性。

(2)建筑物内部钢筋的电连接性。

(3)除了钢筋本身以外的其他材料与钢筋本身的电连接性。

在以后的维修和安装过程中,钢筋的电连接性应根据第 7.1 条中所提到的方法和范围作更进一步的测量。

5.8　钢筋和混凝土之间的电势

具有代表性的区域,包括受损的和明显未受损区域,都应勘查其钢筋的腐蚀情况,可使用手提式参比电极测量(遵循第 6.3.2 条)。测试最好在最大间距为 500 mm 的方格子内进行。

注 1:不需要对整个建筑物内的钢筋和混凝土之间的电势差都进行测量,应在将会永久安装参比电极的区域内详细地测量更多的数据,目的是为了在该区域或者其他更适合的区域放置更多的阳极。更详细地测量某些区域是适当的,这些区域是指参考电极被计划永久安装的区域。

在任何被测量的区域中,钢筋的电连接性都是重点,并应该在测量钢筋和混凝土之间的电势差之前，就用第 7.1 条中提及的方法测量它。

注 2:在任何被认为是分层的区域内的测量都是重点，在进行第 5.2 条中提及的测量时必须小心，因为分层中层与层之间所读取的腐蚀程度是不一致的。

5.9 混凝土的电阻率

应考虑混凝土的电阻率对阴极保护系统的影响。

5.10 维修

5.10.1 概要

除了在此标准中所提及的以外，所有的操作包括维修都应遵守 ENV1504-9 的规定。

注:在旧有建筑中安装阴极保护系统的过程中或许会伴有其他的维修工作，例如加固、修补或者喷涂，就如 ENV1504-9 中所提到的。在此条款中，“维修”的含义是修复受损或已恶化的混凝土层，为接下来的阴极保护系统安装中的阴极保护电流提供连续的通道，以及修复原来为连接钢筋、安装电缆和测量传感器或诸如此类工作而要去掉的混凝土层。

5.10.2 混凝土的去除

所有电阻率超过维修材料电阻率 50％～200％的原有混凝土都应该被去除，以获得一个干净的混凝土表面。

所有的金属线、钉子或其他在混凝土中的明显金属物，由于它们有可能接触阳极系统或者相对于最佳间距来说太接近阳极，都应该被削减，并且要修补该部分混凝土。

注:任何金属物如果对阴极保护的阴极电流是电绝缘的，将会发生腐蚀，应该使它与钢筋电连接或者将它去除。

在使用阴极保护前，预先彻底去除含有氯离子或已经碳化的混凝土是不必要的。

5.10.3 钢筋的准备

任何释放腐蚀产物的地方都应去除，使钢筋暴露出来，并保证钢筋与维修材料之间有良好的接触，但没有必要清洁钢筋并把它打磨光亮。

不能在钢筋上使用沥青底油或涂层和其他对连接有绝缘作用的材料。

5.10.4 混凝土的修复

混凝土的修复应执行 ENV1504-9 的规定。

应根据需要提供足够的保护层来避免短路，用于修复混凝土的材料应该选用水泥基的，不能使用含有金属(纤维或粉末)的维修材料。修复材料的电阻率特征和机械性能都应与原来的材料相近。在维修区域安装阳极之前，所有的修补隔膜都不能使用。

混凝土修复材料的电阻率应该是旧有混凝土电阻率的 50％～200％。

5.11 水泥材料的覆盖

正如第 5.10 条中所提及的，依据第 7.5～7.7 条中阳极安装的有关规定，水泥基维修材料的类型应适合阳极的安装。所有的材料及其应用方法都应遵循 ENV1504-9 的规定。修复材料和原有混凝土之间的平均粘结强度应该大于 1.5 N/mm^2，最小值应该大于 1 N/mm^2。

覆盖施工可以与混凝土维修相结合。

在此案例中，混凝土修复材料的电阻率应该是旧有混凝土电阻率的 50％～200％。阳极覆盖材料的电阻率超过旧有混凝土的 200％，并在周围环境条件下，其最大值达到 100 kΩcm。在此电阻率情况下，能使覆盖材料在设计电压下通过设计电流。

所选择的材料，其厚度和放置方法要与阳极材料相兼容(一致)。

应对阳极和钢筋(阴极)之间的电阻进行一次监控，来检查是否发生短路。

绝缘隔膜应该去除或者已经充分地降解，以消除其对阴极保护系统的反作用。

5.12　新建筑

在新建筑的情况下，如果阴极保护是作为一个预防系统包含在原建筑中，除了此标准的其他要求、管理新建筑设计和建筑的标注以外，下面的问题应该在设计、规范(说明书)和建筑程序中加以评估：

(1)根据第 7.1 条的规定并检测钢筋的电连续性。

(2)测量传感器和全部电缆以及它们的连接，确定其具有足够安全可靠的保护，以避免在混凝土浇筑和搅动过程中受到损伤或者搅乱。

(3)其他金属材料的固定、安装连接、放置和绝缘问题，以避免其对阴极保护系统造成不利影响。

(4)在这种情况下，阳极安放在混凝土结构中，为避免在混凝土浇筑和搅动的过程中产生短路，应规定足够安全的电绝缘空间和安全可靠的配件位置。阳极和钢筋(阴极)之间的电阻应基于混凝土覆盖层来进行测量。

6　阴极保护系统的构成

6.1　概要

阴极保护系统应该包括一个阳极系统，并向混凝土中相应表面或部分发送阴极保护电流，推动在阳极和混凝土界面上电子向离子流的转变，并允许其发送到包裹在混凝土中的钢筋的表面。对于外加电流阴极保护系统，直流电源之间正负极的直流电电缆是阴极保护电流的来源。参比电极(标准电极)、其他电极和传感器是阴极保护系统和组成性能监控系统的重要元件。电极和传感器的数据可以通过轻便的或永久安装的仪器自动或者人工测量。一个完整的阴极保护系统应进行设计、安装和测试以达到在预定的环境中的预定使用寿命。

6.2　阳极系统

阳极系统应提供阴极保护设计中所需要的性能。阳极系统的计算或预计寿命应满足设计要求中的使用寿命，应对可能需要的区域、计划维护和替换系统中的整个阳极系统或局部进行预先设计。

在阳极寿命的设计过程中，阳极电流密度的大小应符合设计，并且在阳极和混凝土界面或者阳极的电流密度不应超过某一个使工作性能降低的值。

阳极材料的设计和(或)选择应该根据阴极电流密度的需要、钢筋的分布、混凝土的电阻率和其他相应使得电流需求不均匀的因素,或者根据由于早期电绝缘失败而使得从阳极发送出来的电流不均匀的因素而做出改变。

注1:各种各样的阳极已经被开发、测试,并在长期应用中论证适合用于暴露在大气环境下的混凝土中钢筋的阴极保护。这些阳极应满足混凝土阴极保护的特殊使用方法,如阳极安装并分散应用于混凝土表面或者因要达到设计分配电流的大小而安装在混凝土里面。阳极都是与渗水的高碱性混凝土紧密联系的。阳极生效后,在阳极和混凝土界面上发生的电化学反应是氧化反应并产生酸性物质。

注2:此标准中描述的阳极系统分为两类,第6.2.1条和第6.2.2条中的阳极系统都一般至少成功地使用了5年。也许更新的材料或较少经过工程检验的阳极材料被排除在外会限制或者提高新材料的需求和开发,但本标准并不打算使用其他材料。

注3:用于大气暴露环境下,混凝土中钢筋的阴极保护的新的有效的阳极材料或许会被开发出来。本标准并不是排除其他用户,只是建议使用性能通过试验室测试、考验或工程验证的阳极。

注4:建议任何新的用于大气暴露环境下混凝土中钢筋的阴极保护的阳极材料都应经过试验室严格的测试,并在其正式应用于商业工程前,作加速试验论证。

6.2.1 导电涂层阳极系统

6.2.1.1 有机涂层

这种阳极系统包含有机导电涂层和一系列导体,固定在混凝土表面或者使涂层成一整体的目的是使导体能通过涂层传递电流。导体应该是一种能抵抗阳极反应的金属,例如铂涂层或者是钛或铌外覆铂,或者是铜芯或其他混合金属氧化物涂钛。

导电涂层和主要阳极的结合应该通过试验来证明或者通过旧有工程来证明其阳极性能可以达到要求。有导电涂层的主要阳极的间距应当是可以被计算和表现出来的,由于电阻导致的(在涂层内的,在主要阳极之间的)正极电流的变化,不超过在±10%电压变化时测量的平均输出电流的10%。

这种典型的应用技术的选择,应该通过测试论证或通过以前的工程来证明阳极的性能能够达到设计要求。

应提供所测量的湿度或干膜厚度的数据,以确定达到干膜传递性的要求。

6.2.1.2 金属基涂层

这种阳极系统由热喷金属基涂层组成。

注:锌和锌合金以及后来的活性钛金属基涂层都被用作阳极。最后的两种并没有5年的记录并会在附录中分类提及。

金属基涂层和连接器的结合应通过试验或通过已有工程论证能达到阳极的设计性能。有金属涂层的主要接线器的间距应当是可以被计算和表现出来的,由于电阻导致的(在涂层内的,在接线器之间的)正极电流的变化,不超过在±10%电压变化时测量的平均输出电流的10%。

这种典型的应用技术的选择应该通过测试论证或通过已有工程来证明阳极的性能能够达到设计的要求。

涂层与混凝土之间的粘接、表面的处理,以及以上所运用的技术都应达到阳极系统的设计使用寿命。

应提供应用过程中性能的测量数据，以确定达到膜厚及传导性的要求。

金属连接器(Cu、Cu-Zn 合金或 Ti)应在做金属喷涂之前就做好与混凝土的电绝缘，但又应与其表面保持机械连接。

6.2.2 活性钛阳极系统

6.2.2.1 概述

这种阳极系统由石油钛基层、电镀催化涂层(包括氧化铂群金属，铂、铱或者钌与氧化钛、锆一起)、阳极和电缆连接器及水泥基覆盖物组成。

涂层的位置和厚度，或覆盖的最小单位区域都应通过试验或(和)试验室测试来证明阳极的设计性能达到要求。

6.2.2.2 表面安装

活性钛应根据设计在混凝土表面按网状或者方格状分布。钛连接器应该现场焊接到网格或者方格上，以确保全部的电流能够到达所有阳极结构上，并应保证阳极的电连接性。当阳极和电缆连接处与水泥基覆盖物结合时，他们应该被安装成可以通过试验或已有工程验证的式样，使得阳极、阳极和电缆连接性能可以达到设计要求。

可以利用非金属固定物，以促进阳极材料在混凝土表面的固定，或者保证阳极材料与预先埋入混凝土中的钢筋之间不会发生短路。

6.2.2.3 在混凝土保护层中的凹陷处安装

阳极应该按照混凝土保护层中凹槽的尺寸组成，用电连接涂层以固体、网状钛带或格子的形式安装，或者在覆盖混凝土前用非金属固定物将活性钛带和格子安装在暴露的钢筋上。

钛带或钛格子的尺寸及其分布要符合阳极设计和最大阳极电流密度的要求。

6.2.2.4 在结构中安装埋置

活性钛网可根据下列任一方法埋入建筑物中：

(1)经电连接喷涂的钛以带状、网状、格子状或挂装埋入混凝土钻孔中并以修复物修复。

(2)阳极以一个相似的形式或涂铂钛棒结合一个导电石墨基材料回填。

(3)阳极以一个相似的形式埋于新的建筑中作为阴极防护或者在混凝土维修中做阴极保护。

当回填材料(例如石墨)是阳极系统的一部分时，它应依据在混凝土中所钻洞的尺寸、操作电流密度，以及回填孔内的阳极电流密度，且应当被限定在某一值的范围内。这个值应通过试验或过去的工程项目验证，表明可保证所必需的阳极，回填物、阳极和电缆连接的性能要符合要求。利用石墨回填的地方，在计算阳极和钢筋最小间距时，石墨应该被看作是阳极一起计算。

6.2.3 其他阳极系统

略。

6.3　测量传感器

6.3.1　概述

为了测量阴极保护系统的性能,应该使用测量传感器。测量系统应该在建筑物中整个阳极保护区域内的一些有代表性的点放置传感器。

系统的性能通常通过参比电极测量钢铁和混凝土之间的电压来确定。

注1:适合长期埋入混凝土中的参比电极有两种,一种是 Ag/AgCl/0.5 molKCl 参比电极,另一种是 Mn/MnO_2 /0.5 molNaOH 参比电极。

注2:其他传感器例如电势差计、电流密度计、宏电池测量仪等都可以与参比电极配合使用。

所有传感器都应该为长期处于高碱性的环境中做好充分准备。连接传感器的电缆和电缆接头也应做好充分准备,并应具有耐碱性,如果是与阳极接触或者离阳极系统比较近的,也应该具有耐碱性。

6.3.2　便携式参比电极

便携式参比电极是一种既能直接接触混凝土表面又能通过鲁金探针进行使用的电极。

便携式参比电极用一块完整的但又可以替换的海绵与混凝土表面直接接触。

便携式参比电极应该具有标准认证,并严格按照制造厂家的使用说明书进行储藏、维护和使用。参比电极在每次使用前,都应用已知的试验标准参比电极或相类似的参比电极进行校正。

注:一个合适的便携式参比电极包括胶凝填充物、双组分 Ag/AgCl/0.5 molKCl 和标准甘汞电极。不推荐将铜/硫酸铜电极直接使用在混凝土表面上,因为当硫酸铜渗漏到混凝土表面时,会产生很严重的错误。

6.3.3　其他传感器

6.3.3.1　电势差测量仪

电压腐蚀探测器不应用于探测钢筋和混凝土之间的绝对电势差,或者再长时间的超过 24h 的电势差。

注1:电势差测量仪是一种允许测量钢筋和混凝土之间电势差的测量仪,但它本身的半电池电势差并不能被认为是标准电极。它可用于测量在一个限定的测量时间内电势差的改变(在“开”和“交换”过程中),24 h 内的测量结果最具代表性。

注2:适合长期埋入混凝土中的电势差测量器包括石墨、活性钛和锌。

6.3.3.2　试样和 macro-cell 探针

试样和 macro-cell 探针应当由与结构中钢筋一样成分的钢制造,并且应当适于永久埋入混凝土中,或者由通过仪器检测以及隔离出的已经安装的钢筋去建造。

宏电池测量仪被包裹在富含氯离子的灰泥柱体中。考虑到水泥的质量,此柱体中的氯离子含量至少是混凝土结构中深及钢筋处的氯离子含量的 5 倍。

注1:电流密度仪或宏电池测量仪可用于测量钢筋阴极的电流密度。

注2:宏电池测量仪也可用于确定局部腐蚀点处,从阴极保护系统发出的用于控制腐蚀的电流是否足够。在阴极保护系统开始工作后,测量仪可显示出宏电池和主要钢筋之间的一个相反电流流动。

6.3.3.3　鲁金测量仪

鲁金测量仪是在绝缘或半绝缘材料中包含离子传播介质的测量仪。所有的材料都应适合长期埋入混凝土中，并应防止其完全变干。

注 1: 鲁金测量仪或与之相似的设备，使便携式参比电极可以测量埋在混凝土深处的钢筋的电势差。

注 2: 适合混凝土的鲁金测量系统包括小直径的聚氯乙稀(PVC)或聚丙烯管，管中填充沙或灰泥，吸饱水的木塞用于密封加热收缩管，硅橡胶管包含胶凝材料和传导聚合物隔膜。

6.4　监测仪器

6.4.1　概述

监测仪器是用于询问那些已安装的、用于测量阴极保护系统性能和直流电源供应工作条件的监测传感器的。

注: 监测仪器可能包括手动设备、便携式数据采集器或永久安装的数据采集器。监测仪器主要能够测量直流电压。如果使用试样和 macro-cell 探针或者需要其他测量手段的，那么就需要特殊的监测仪器。

所有的监测设备都应遵循相应国家或欧洲的电子和测量设备标准，并应具有有效的检验认证。所有设备的使用、安装、调试和运行都应严格按照厂家说明书进行。

6.4.2　数字仪表

用于测量传感器和直流供应电源的电压表的最小量程应为 1 mV，偏差小于等于 ±1 mV，输入电阻不小于 10 MΩ。

不应采用模拟式测量表。

试样、macro-cell 探针和钢筋之间的电流可以用零电阻电表或使用测量值和真实值之间的偏差小于 ±1% 的其他相似设备测量。

注: 受试样和 macro-cell 探针的尺寸和环境的影响，电流的范围可能从数十微安到数百毫安。

6.4.3　数据采集

6.4.3.1　概述

数据采集器应为多频道或多路器，使得所有被选择用于数据采集的通道都能被测量和记录。

数据采集器应使所有测量仪器的运行时间处于同步。数据采集器的最小输入电阻为 10 MΩ，最小量程至少为 1～2 000 mV，偏差小于等于 ±5 mV。

数据采集器应具有与直流电源同步的、用于控制直流电流的中断，能正确量度即时的电流中断，并适当控制开关周期的控制输出端口，其抗噪性在 100～500 ms 的范围内作适当的切断时，真实值与测量值(计算值)之间的测量允许偏差值应小于等于 ±5 mV。

数据采集器的配套软件应允许独立地测试局部系统、传感器、直流电源系统或阳极区等。

6.4.3.2　便携式数据采集器

便携式数据采集器应适应短期暴露在周围环境中。可以通过适合的多路连接器和电缆将便携式数据采集器与试验盒、直流电源等相连接。

6.4.3.3 永久安装的数据采集器

永久安装的数据采集器可安放在适合当地环境气候条件的围栏内。

永久安装的数据采集器应与相应的传感器、直流供电系统等作硬连接。测试电缆的连接性能参见第6.6条。

与网络作互连的可参考相应的国家或欧洲标准和网络供应商的意见。

注1:永久安装的数据采集器可通过网络或调制解调器进行独立的操作。电源供应主要使用交流电或者通过网络线提供适合的(电流)。

每个数据采集器都应该有唯一的辨别号码。

注2:永久性安装的数据采集器可以是被动的系统,也可以是主动的系统。如果是被动的系统,那么它只有在系统控制者发出指令后才采集数据。如果是主动的系统,它可在设定的时间间隔内自动采集数据。他们都可按指令或自动地传输全部数据或部分数据(例如:普通值,最大值,最小值,标准偏离,或所选择的测试项目)。

进入永久安装的数据采集器,无论是直接连接还是通过网络连接,都共同使用一个设定的密码。

6.5 数据管理系统

应提供一个数据管理系统去收集、定制、分类和呈现从阴极保护系统中出现的各类性能数据。

注1:这可能是一本手册(文件)系统、一个计算机化的数据平台管理系统或两者的结合。

这个系统应当最少包含下述数据:

(1)正极区的布置。

(2)传感器的类型和位置。

(3)直流电单元比率。

(4)初始(调试前)传感器的读数。

(5)调试数据。

(6)从调试中得到的传感器数据。

(7)调试中的直流电输出数据。

(8)事件报告(即检查日期,系统操作的变更等)。

获得的和记录下的传感器数据,应当与在第8.6条中所给出的被选择评估的性能标准相兼容,并且充分保持一致。

计算机数据基本管理系统应当提供全部文件,自动数据反馈和实现的工具也应被加入。系统应当可以以表格和图形的形式表现数据和信息。

注2:叠加在模拟图表(设计草图)上的数据可能也被使用。

6.6 直流电缆

单芯电缆应依照它们的功能涂色编码。

注1:下述颜色是优先选择的。

(1)红色是从正极直流电源到正极和电缆连接的。

(2)黑色是从负极直流电源到钢筋和电缆连接的。

(3)灰色是监控试验(为监控的钢筋连接)电缆。

注2:如果与负极直流电源电缆是不同型号的,监控试验电缆也可以是黑色的。

(4)蓝色是参考电极电缆(不是红色或黑色)。

(5)黄色是其他监控传感器电缆(不是红色或黑色)。

多芯电缆也应被涂色或数字编码。

电缆应满足下述要求:

(1)可在允许温度提高25%的条件下运送设计电流,这在IEC60502中被作为适当的最大环境温度。

(2)在阴极保护系统回路中,输入设计最大电流的125%,限制电压下降到一个与电源电压输出、正极和负极电压要求兼容的值,并且能提供统一的电流分配。

由于机械的原因,对于所有在混凝土中封装的多芯电缆,最小的一个芯的尺寸应满足下述要求:直流电正负极供电为1.0 mm^2,监控电缆为0.5 mm^2,数据网络依照网络标准。

如果是单芯电缆,由于机械的原因,最小的芯的尺寸应当是2.5 mm^2。

所有电缆应当最少有一层绝缘层和依照IEC60502的一层铠装。绝缘层和铠装层的选择应当考虑建议的安装和功能要求。安装在阳极材料接触的电缆应当是适合长期暴露在酸性条件下的,代表性的是pH=2;安装在混凝土中的电缆应当是适合长期暴露在碱性条件下的,代表性的是pH=13。

6.7 连接箱

连接箱应依照IEC60529中的规定,使之具有不受环境损坏的保护。要考虑到箱中制成的连接的类型、最坏的外部环境和箱不得不遭受的机械暴露。

注:建议所有的连接箱采用非金属的,并且应与IEC60529分级IP66相保持一致或者更好。

6.8 电力供应

在有交流电发送的地方,直流电应当通过变压器—整流器提供。

注:在没有交流电发送的地方,柴油、风力或涡轮发电机可以用来发电,为变压器—整流器提供交流电。控制的直流电可以直接由热力或太阳能发电机发电,并且风力和涡轮发电机可以通过整流被用来给为直流电控制器供电的充电电池系统供电。

6.9 变压器—整流器

变压器—整流器单元应当是完备的,并适应它所工作的环境。

这个单元应当被装在有坚固围栏的房子内,并且适于装在地板或墙壁上。围栏应当依照IEC60529中的规定,提供免受最坏环境损坏的保护。

进入的交流电应依照电力供应者的要求或国家和(或)欧洲标准,可通过适当的双极中性连接的开关保险丝或电路中断器和残留电流仪器被切断。

主变压器应是一与EN60742一致的、绝缘的、连续额定的、适合连接到低电压交流电源的变压器。

在最小频率100 Hz时,变压器—整流器的输出直流电压不应超过50 V,波动容量不超过 100 mVRMS。

由于环境或服务的需要，而在 30 ℃以上的环境下操作或使用油或被迫风冷，而无法与 EN60742 要求相一致的设备，应当在其他方面与 EN60742 相一致。

整流器应当依照适当的国家或欧洲标准，附带合适的交流电电涌保护。快速反应保险丝应当被使用去保护在交流电一边的整流器，变阻器应当被使用去保护在直流电一边的整流器。整流器应保证能够在规定的输出和最小 600 V 的峰值反转电压下连续操作。变阻器应当是与整流器峰值反转电压水平能相容的。

直流电电路应与其他系统的电路相分离（如引入的交流电供应）。

对于阴极保护系统放置在人或动物可以进入以及像栏杆、障碍物或电绝缘措施无法提供的地方，从变压器—整流器单元输出的直流电压不能超过 24 V，波动容量不超过 100 mVRMS。这些特别适用于钢筋混凝土结构的导电涂层阳极保护系统。

应保证能够提供无级持续电压、连续电流或从零到完全额定输出的恒电压。

一个终断电流的直流继电器系统应被提供去执行“瞬时断电”电位的测量。

注 1：连接这个系统到（从数据录入设备来的）控制信号的设备可能被提供。

设备应被提供以保证便携式使用仪器作下述测量：

（1）输出电压。

（2）输出电流（在 ±0.5% 的误差范围或更好的精确值）。

（3）基于参比电极确定的钢筋和混凝土间的电压。

注 2：设备可能被用来测量：①钢筋和混凝土间关于电压衰退传感器的电压；②取样管或探针和钢筋间的电流。

所有插座的功能和额定功率以及所有分流器的放大倍数都应当被清晰地记号。

所有保险丝都应当被标注上电路名称和保险丝特点。

注 3：永久安装的数字配电板式仪表可能被用来测量上述第（1）～（3）条所要求的数据。定期的基本校准检查是需要的。

应提供最少包括一个正极和一个负极的电路接头，以保证电缆连接。所有的输出电路接头应当与箱中的其他金属绝缘。

连接器应被清晰地表明“+正极”和“-钢筋”。

注 4：被推荐的正极和负极的接头应当是不同的尺寸，以避免电缆的交错（或交叉）。

LED（发光二极管）或其他显示交流电源“开”和直流电输出“工作”的工具应当被提供。

对于含有多个变压器—整流器或多个电路的设备，每个变压器—整流器或电路应当被完全标识，并应当与本条款保持一致。

设备提供厂商应进行必要的试验，以证明设备的用途、功能完全符合要求，试验应当被安排在现场实际环境条件下进行。试验结果应具有完整的文件记录证明并应成为其所应用工程永久记录的一部分。

所有的试验应按照相关的国家或欧洲标准中的规定执行。

7 安装过程

7.1 电的连续性

除非试验过程以及标准已经在设计中被选择,否则应对混凝土中的钢筋与钢组件之间的电连续性进行直流极化电阻测量工艺试验,这种试验是通过测量直流电阻仪器的电阻和随后颠倒极性的试验来完成的,或者通过电位差的测量来完成。对这类试验可以采用的标准应当是稳定的数值,并且电阻小于1 Ω或者电位差小于1 mV。在混凝土修复和其他工作中暴露的所有钢筋应当做连续性试验,任何在试验中失败的钢筋或组件应当进行连续性耦合以保证其长期电阻小于等于1 Ω。在每个单元中的典型位置,或者有充分钢筋而且不连续的结构部分应当被暴露,并应选择不同的点进行试验,以确定钢筋的电连续水平。

电连续试验结果、所有施工图、结构和它的施工性质应当被评估,以便决定是否增加额外的暴露钢筋,去进行必要的试验以及可能必需的耦合。

所有安装在混凝土结构表面或作为混凝土结构一部分(如嵌入的钢梁、支座、排水管)的钢附件,都应采用上述方法做连续性试验,并在需要时进行耦合或者依照第7.3条进行耦合。

在钢筋或者钢附件与任何外加电流阴极保护系统的电极系统之间,应采取必要措施防止其电连接。

注: 如果导电涂层(包括外加电流的传导层、覆盖层或喷涂的锌)作为正极被使用时,应当特别注意混凝土表面钢筋,并应进行必要的拆除或绝缘。正极与钢筋这样的接触将导致正极与钢筋之间的短路或者导致被绝缘钢筋的腐蚀。

7.2 执行监控系统

阴极保护系统中的每个区都应配备相应的工具,以监控它的输出电压和输出电流,并可监控典型位置区,长期嵌入参考电极处的钢筋和混凝土间的电压。

注1: 每个区也可以配备一个电位减少探测棒去监控电位降低,提供腐蚀试样去测量在部分钢筋上的阳极或阴极的电流密度,或者配备其他方法去测量或评估腐蚀率或阴极保护的范围。这个数据收集系统可以是手动的,也可以是电子数据自动录入以及(或者)电子数据自动传输的。

这个长期安装的执行监控系统,应当被安装成不同的数据类型,使之在依照标准所规定的典型间断时可以被评估。

注2: 这个评估可以包括手动数据收集、自动记录的数据收集,以及便携式设备或者连接局部、区域网络(或调制解调器)的永久安装的数据录入系统。

被永久安装的执行评估系统的配置、范围和位置应依照设计进行。这个针对性的区域应当包含如下内容:

(1)很可能被腐蚀或者未受保护的区域。

(2)很可能超出保护的区域。

(3)高腐蚀风险或活跃的区域。

注 3:在混凝土和钢筋混合在一起的混凝土修复处或附近,这些数据、永久安装的参考电极、试样或其他传感器的表现很可能会造成相反的影响或使数据不具有代表性。

参考电极以及其他传感器不应当安装在混凝土修复处或附近,除非没有其他可变更的地方。

在传感器的附近,钢筋周围的混凝土应处于受干扰的状态。

永久安装的参考电极,以及其他在安装前可以被校准的传感器应当被校准。

7.3　混凝土中钢筋的连接

阴极保护系统中的每一个区,都应当配备为保证阴极保护电流到达钢筋的多个电缆负极连接,并应配备最少一个试验连接,以保证永久或携带式电极到钢筋的连接,便于测量钢筋和混凝土间的电压。

在所有负极连接和每一个单独区内的试验连接之间的电连续性,都应当被试验,并且试验结果应当小于等于 1 Ω。如果这个结果没有一开始就达到,应补充额外的钢筋,以便于试验和耦合,钢筋应依照第 7.1 条的规定暴露出来。

注:在一个阴极保护系统中的不同区域,负极连接之间的连续性可以依照特别设计的要求。

连接钢筋的电缆应当按规定的方法安装,这种方法应保证电缆和钢筋间的电阻长期小于 0.01 Ω。

7.4　与阴极保护部件安装一起进行的混凝土维修

任何与其他安装(执行监控系统电极、其他传感器以及与混凝中钢筋连接的安装)一起进行的混凝土维修工作,应当按照条款 5 和 ENV1504-9 中规定的方法和材料执行。

7.5　阳极安装前的混凝土表面准备

准备接受阳极材料(如导电涂层或水泥基覆盖活性钛网)的混凝土表面,应做适当处理,使之干净、不破碎且没泥土。

阴极保护的导电涂层应按照涂层产品规范的要求进行施工。

7.6　阳极的安装

阳极系统应当依照规定的方法,在设计控制的环境条件下安装。这些方法和环境条件应当是在试验或之前的工程中已得到验证,以保证达到阳极性能所必需的要求。

阳极系统应当依照设计中的方法陈述或者安装规范安装。

特别应当注意避免阳极和任何钢筋、辅助金属组件或者钢筋绑扎铁丝或者在混凝土表面的废钢之间的短路。

在完成导电涂层或水泥基材料覆盖后,在大气环境条件下,混凝土表面应保持保证养生、溶液损失、水分蒸发所必需的温度和湿度。

在这些方面,设计中的方法陈述或安装规范应当被遵守。

在完成任何阳极系统上的覆盖、表面密封或者涂层美化之前,阳极和阴极间的电阻和电位差应当被测量，以确定是否发生了短路。如果发生短路，在进一步工作之前，它们应当被探测和改正。

7.7 阳极系统的连接

阴极保护系统的每一个区都应当提供多个正极电缆和正极的连接，以使任何一个正极和电缆连接的故障都不会降低那个区阴极保护系统的性能。

这个正极和电缆连接系统，应当是依照标准的型号安装。这种标准应在试验段或之前的工程中已得到验证，以保证阳极、阳极和电缆的连接性能达到所必需的要求。

在每个独立的区，都应对所有正极和电缆间连接的电阻进行试验，并且应比较不同阳极型号和类别的计算值。试验数据应当被评估，以决定是否需要额外的试验以及额外的正极和电缆连接。

在任何涂层工作进行之前，应对阳极系统进行一次 100％的全面实地考察。

7.8 阳极覆盖、表面密封或者装饰涂层的实施

所有必需的阳极覆盖、表面密封或者装饰涂层的实施，都应当在试验段或之前的工程项目中已得到验证，以保证达到阳极覆盖、表面密封或者装饰涂层的实施性能所必需的要求，并且应依照设计中的方法陈述或者安装规范安装。

7.9 电的安装

所有电的安装都应当依照欧洲或国家的安全标准执行。

注 1：为阴极保护系统提供的电源，可以由为主电压分配系统供电的变压器—整流器提供。

除了阴极保护系统的特殊要求外，下述的电保护措施也应当在所有的安装中被应用：

(1)主电压电缆应当被绝缘，并且与低电压交流电缆分离。

(2)在任何连接箱和它们的连接点，电缆应采用唯一的记号标识。

(3)电缆应当被适当地支撑，并且保护环境、人和动物不受损害。

注 2：在可能发生损害的高风险地点，电缆应当被埋入混凝土中或者采用钢丝铠装等必要措施。

(4)除了电缆连接如条款(6)所述被覆盖，电缆连接应当只在护栏或连接箱中。

(5)在箱中的连接，如果它的施工以及(或者)安装导致它的环境保护效率低于最坏外部环境暴露情况下的保护效率，包括箱中没有导管出路等情况，电缆应采取适合长期水沉浸的方法被制成。

(6)为保证阳极使用性能，有些连接如活性钛网阳极和电缆的连接，可以被允许永久地嵌入覆盖材料中去而不用连接箱安装。其前提是这类阳极和电缆的连接以及它的电、机械、湿度密封等的方法在试验段或之前的工程项目中已得到验证，以保证达到使用性能所必需的要求。

(7)那些没有覆盖、没有防止人或动物接触电屏障(如导电涂层)的，应当限制其电压为 24 V，最大的波动容量为 100 mVRMS。

(8)设备应当依照欧洲和国家标准中所有相关的电安全、试验、维护标记进行标识。

注 3：阴极保护系统所需要的低直流电压，可以与欧洲(或国家)电安全的规定保持完全一致。

7.10 安装期间的试验

依照质量计划的试验应当包括如下为了阴极保护系统的内容：

(1)对所有回路(结果应是不模糊的)极性检查。

(2)对所有回路(结果应表明,单独回路的电阻应在电缆和组件计算电阻值10%的范围内)的连续性检查。

(3)对所有回路进行绝缘检查,这些检查可能应当在连接到阳极或者钢筋之前进行,并且结果应当表明直流阳极电缆和直流负极电缆是隔离的。

注:参考电极和整流器电路可能会在绝缘试验中毁坏。参考电极可能会在连续性试验中毁坏。在阳极和钢筋之间以及在临近区的阳极或阴极电路之间,比预想低的电阻值可能会导致试验结果与传统的电路绝缘和连续性试验不符。

主干路电压电源供给系统以及给阴极保护系统提供低压交流电的变电器—配电器,应当依照欧洲或国家的安全标准,并通过试验或相关文件来证明其安全性。

8 调试

8.1 实地检查

阴极保护系统和所有它的组成部分,应当经受一次全面的实地检查,以确保所有的部件和电缆都被适当地安装、适当地标识以及保护环境、人或动物不受损害。

8.2 加压之前的测量

加压之前,应当进行测量并且按照质量计划的要求,将测量数据记录。对阴极保护系统,相应测量工作应当包含如下内容：

(1)关于永久安装的参考电极或电压减小感应器,应测量钢筋和混凝土间的电压。测量应在低(10～20 MΩ)和高(500～1 000 MΩ)两个阻抗范围内进行,以决定是否所有混凝土中的参考电极或感应器的接触电阻都在设计值之上。

(2)关于由设计陈述或规范所决定的在任何位置上的携带式参考电极,应测量相应的钢筋和混凝土间的电压。

(3)关于阳极系统的钢筋和混凝土间的电压。

(4)这些基本数据,是作为执行监控系统的一部分,安装在额外的感应器中的。

(5)校对任何录入的电子数据,或者校对作为执行监控系统的一部分而被安装的传输设备的数据。

8.3 初始加压

在任何水泥基覆盖层被很好的养生或任何导电涂层达到适当的溶解液释放、养生之前,系统不应当被加压。

注: 对于水泥基覆盖层,这个周期一般是在20 ℃浇筑14 d之后。对于导电涂层,这个周期将是在合适通风条件下48 h。

阴极保护系统应当在低电流(10%~20%的设计电量)条件下开始初始加压,并应同时进行相应测量,并且按照质量计划记录相关测量数据。主要测量工作包含以下内容:

(1)关于永久安装的参考电极和关于由设计陈述或规范所决定的在任何位置的携带式参考电极,测量钢筋和混凝土间的电压。

(2)为阴极保护系统提供电流的所有直流电源的输出电压和电流的数值。

(3)确定所有数值的极性符合质量设计,并确定依据第(1)条所测量的数值,依照第8.2(1)、(2)条所测量的数值变换为一负极方向。

8.4　初调

系统应被加压到阴极保护系统预计能达到性能目标的电流水平。

注1: 这可能是事先计算好的电流水平(如一特定的阴极电流密度),或者是依据对第一次加压的反馈(如达到一个200~300 mV的负电压变化)。

注2: 在相对低的电流密度下的极化可能是有益的。

对于那些在初始性能评估之前必须维持初始电流设定的初始极化周期,应当依据之前的经验保证足够时间,以达到足够的极化。

注3: 在初始加压后,这个周期应当是7~28 d,但如果采用慢极化方针(低的初始电流),完全极化的时间可能比28 d长。

8.5　初始性能评估

在初始极化周期后,应依照质量计划执行性能评估。这个性能评估应包括如下内容:

(1)输出电压和输送给每一个阴极保护系统的电流的测量,以及由此计算而得的回路的电阻。

(2)在为阴极保护系统提供一小段时间直流电后,测量永久安装的参考电极以及质量计划中标明位置的"瞬时断电"(没有绝缘电阻)处的电压。

注1: 一般"瞬时断电"的测量是在断电0.1~0.5 s后,但由于有极化程度和极化周期的影响,每一个系统的适合数值是不同的。测量周期(对于数字计数)应当足够短,以免在测量周期内发生显著的去极化现象;但又应足够长,以不降低测量的准确程度及测量系统的抗噪能力。当典型的测量周期在0.1~0.5 s之间时,校准和其他仪器的计算步骤可以规定一个比相邻试验间隔长的周期。

在为"瞬时断电"(没有绝缘电阻)的电压测量而切断电源后,在测量之前应给予足够的时间,以避免任何从开关震荡产生的瞬时电压;应避免电容或电阻的影响,这些影响将影响测量的数值。但等待时间应足够短,以避免其间发生显著的去极化现象。

(3)在打开阴极保护的直流电给短路处后,测量的电位将减小。电位减小的周期以及为测量钢筋和混凝土间电压的时间间隔应当在质量计划中标明。

注2: 通常衰退的周期为4~25 h,相应测量应在断开电源后0.5 h、1 h、2 h、3 h、4 h、23 h、24 h和25 h的一些或全部时刻进行,以决定在任何选择周期的末端电位衰退的程度和任何继续的衰退。电位的衰退比率将随去极化时间的增加而减少。

(4)测量其他任何作为执行系统一部分而安装的传感器的参数。

(5)如果质量计划中有相关要求,应测量开关开启时钢筋和混凝土间的电压(包括绝缘电阻)。

注 3:在测量“瞬时断电”的电位时,可能需要对直流电路进行开启和闭合,以对许多钢筋和混凝土、电极做连续的测量。

为测量“瞬时断电”的电位,在单位时间段内的开启和闭合比率最少应为 1:40。

注 4:典型手工数据收集的值是 3 s 断开,12 s 闭合。对于即时断电,为保证测量等待时间和测量周期的精确性,将电子数据收集录入系统和开关系统连在一起是具有优势的。更长的开关周期将减慢数据的收集,并可能在断电周期内造成去极化的风险。

8.6 保护的标准:性能评估数据的解释

依照第 8.5 条所采集的数据,应当满足各方面要求或结构中特殊要求所调整的标准,并结合其所处环境、关于混凝土中钢筋保护标准的正在发展的技术,进行必要的检查和解释评估。

关于 Ag/AgCl/0.5 molKCl 电极,对于钢筋混凝土,在持续断电条件下,若钢筋和混凝土间电压没有比 -1 100 mV 更低,则应当被许可。对于预应力钢筋,可定为 -900 mV。

注 1:预应力钢筋可能易于氢脆变,并且由于承受较高的受拉荷载,故障可能是灾难性的。在任何预应力结构中的阴极保护都应当注意。

对于任何暴露在大气中的结构,任何代表性的点都应当满足下述(1)~(3)的任何一个标准。

(1)关于 Ag/AgCl/0.5 molKCl 电极,一个持续关闭的电压(在把直流电回路的开关开启后,在 0.1~1 s 之间测量),不应比 -720 mV 更低。

(2)持续关闭最大 24 h,最小 100 mV 的电压衰退。

(3)持续关闭超过一个扩大的周期(一般 24 h 或者更长),在测量超过 24 h 的连续衰退以及使用参考电极(不是电压衰退感应器)的条件下,最小 150 mV 的电压衰退。

注 2:在活性钛阳极系统,通过测量钢筋和混凝土间电压,并考虑到电缆中的电压下降及变压器—整流器的输出电压,上述钢筋和混凝土间电压的限定(-1 100 mV 或 -900 mV)可能被核实。

注 3:标准(1)~(3)是标准的实用系列,可以表明对混凝土中钢筋保护环境的维护和是否建立适当的极化。

注 4:关于 Ag/AgCl/0.5 molKCl 电极,在阴极保护系统被关闭了一个长的周期(一般 7 d 或更长),且测量结果没有比 -150 mV 更低之后,作为一个调查的标准,它可以被考虑是寻求一个完全去极化电极的电压。

注 5:这些在第(1)~(3)条中被讨论的标准,可能会被测点 0.5 m 范围内包裹钢筋的混凝土修复所影响。应尽量使定位参考电极、其他感应器通过可能混凝土修复处以外的位置。

注 6:如果在第一次和第二次测量之间,环境的温度和湿度发生变化,在条款(1)~(3)中给出的标准可能无效。这样的环境变化本身,可能是钢筋和混凝土间电压显著改变的原因。

8.7 保护电流的调整

如果依照第 8.6 条,对数据的性能评估、解释表明保护的标准已达到要求了,则不需要立即采取其他的措施。如果保护的标准没有达到要求或者在将来有达不到标准的风险,应进一步调整输出电流。随后应进行如第 8.5 条所规定的最少 28 d 的重复性能评估。

注:应当强调的是,长期的阴极保护所产生的长期极化将导致对电流要求的降低,以及当断开系统时发生的电压衰退比率的降低。